Dilbarhon Fazilova

ANÁLISE DA TECTÓNICA DA REGIÃO DE TASHKENT POR MÉTODOS DE SATÉLITE

Dilbarhon Fazilova

ANÁLISE DA TECTÓNICA DA REGIÃO DE TASHKENT POR MÉTODOS DE SATÉLITE

ScienciaScripts

Imprint
Any brand names and product names mentioned in this book are subject to trademark, brand or patent protection and are trademarks or registered trademarks of their respective holders. The use of brand names, product names, common names, trade names, product descriptions etc. even without a particular marking in this work is in no way to be construed to mean that such names may be regarded as unrestricted in respect of trademark and brand protection legislation and could thus be used by anyone.

Cover image: www.ingimage.com

This book is a translation from the original published under ISBN 978-620-7-45223-1.

Publisher:
Sciencia Scripts
is a trademark of
Dodo Books Indian Ocean Ltd. and OmniScriptum S.R.L publishing group

120 High Road, East Finchley, London, N2 9ED, United Kingdom
Str. Armeneasca 28/1, office 1, Chisinau MD-2012, Republic of Moldova, Europe
Printed at: see last page
ISBN: 978-620-8-29617-9

Conteúdo

INTRODUÇÃO

Atualmente, o estudo do estado de tensão-deformação da crosta terrestre, que leva à destruição da litosfera e à formação de placas tectónicas em várias escalas espaciais e temporais, é um dos problemas físicos mais urgentes resolvidos pelos métodos de geodesia espacial. A monitorização dos processos geodinâmicos em várias escalas temporais e espaciais utilizando métodos de satélite deve-se à elevada eficiência, à relação custo-eficácia, à objetividade e à fiabilidade dos resultados, bem como à possibilidade de detetar fenómenos e processos inacessíveis por outros métodos. Deste ponto de vista, torna-se relevante a tarefa de determinar os parâmetros dos processos geodinâmicos com base em dados de satélite.

Atualmente, a tecnologia de processamento de dados por satélite está a ser melhorada a nível mundial para garantir uma avaliação adequada do nível de atividade geodinâmica atual do ambiente e uma identificação fiável dos resultados das observações dos parâmetros do processo de deformação. A investigação científica orientada está a ser conduzida nesta área, incluindo: monitorização do movimento das placas tectónicas, análise das suas velocidades e direcções utilizando o sistema global de navegação por satélite (GNSS), estudo das alterações na altura da superfície da Terra, análise e previsão de vários fenómenos geológicos com base no processamento automático de imagens de satélite multiespectrais e de radar, desenvolvimento de métodos para avaliar a estabilidade de zonas com atividade sísmica crescente, análise do impacto na atividade tectónica e análise da influência dos dados de satélite na atividade tectónica.

Na República do Usbequistão é dada muita atenção aos estudos fundamentais dos processos de deformação e das suas alterações no tempo, causados por cargas tectónicas e antropogénicas, com base em medições por satélite.

Foram também alcançados resultados significativos na área aplicada da criação de uma base instrumental para a identificação fiável da natureza do estado de tensão-deformação da crosta terrestre através do processamento conjunto de imagens de satélite e de novas tecnologias de medição como o GNSS. No entanto, no território do Uzbequistão, onde se observam processos tectónicos activos, os métodos geofísicos de investigação são atualmente utilizados predominantemente. É importante notar que não existe uma abordagem global que combine métodos geofísicos com métodos espaciais por satélite, o que limita as possibilidades de investigação global neste território. [1]Para executar as tarefas descritas na "Estratégia para o desenvolvimento do Novo Uzbequistão para 2022-2026", é necessário aumentar a eficiência do apoio à geoinformação através do desenvolvimento de bases teóricas para uma maior introdução de tecnologias modernas e inovadoras de satélite e da transição para métodos automáticos baseados em satélite para analisar os processos de deformação.

Este trabalho de investigação corresponde, em certa medida, às tarefas definidas no Decreto do Presidente da República do Uzbequistão n.º P11-429 "Sobre medidas adicionais para um maior desenvolvimento da indústria espacial", de 23.11.2022, no Decreto do Presidente da República do Uzbequistão n.º UP-144 "Sobre medidas para uma maior melhoria do sistema de segurança sísmica da República do Uzbequistão", de 30 de maio de 2022, bem como noutros documentos regulamentares e jurídicos relacionados com esta área de atividade.

Este estudo foi realizado em conformidade com as direcções prioritárias do desenvolvimento científico e tecnológico da República do Usbequistão: IV. "Desenvolvimento da informatização e das tecnologias da informação e da comunicação" e VIII. "Ciências da Terra (geologia, geofísica, sismologia e transformação de matérias-primas minerais)".

O estudo foi realizado de acordo com os planos de trabalhos de investigação científica do Instituto Astronómico, no âmbito da investigação fundamental do Laboratório de Investigação Espacial do Instituto Astronómico da Academia das Ciências da República do Usbequistão sobre o tema "Estudo do estado de tensão regional da crosta terrestre da República do Usbequistão por métodos modernos de satélite" (2020-2023).

O objetivo do estudo é analisar os processos tectónicos na região de Tashkent utilizando métodos de satélite para uma compreensão mais profunda da dinâmica da crosta nesta região.

Os objectivos do estudo são:

melhoria do método de processamento automático conjunto de dados de satélite multiespectrais e modelos digitais de elevação para a deteção fiável de estruturas tectónicas;

estimativa da exatidão dos modelos digitais de alturas normais a partir de medições de satélites de radar;

determinação das velocidades espaciais actuais dos pontos da área de estudo utilizando os dados do sistema global de navegação por satélite;

---

[1] Decreto Presidencial n.º UP-60 "Sobre a estratégia de desenvolvimento do Novo Uzbequistão para 2022-2026", de 28 de janeiro de 2022.

interpretação da dinâmica e determinação da natureza física dos sistemas de lineamentos na área de estudo.

O objeto do estudo são as estruturas de lineamentos e os mapas obtidos a partir de dados ópticos (Landsat 8), modelos digitais de elevação (SRTM, ASTER, ALOS) e dados geológicos e geofísicos no território da região de Tashkent.

O objeto do estudo são os métodos de análise por satélite (GNSS, análise automatizada de lineamentos a vários níveis) com o objetivo de identificar e estudar as alterações da geodinâmica e da estrutura da crosta terrestre na região de Tashkent.

Os métodos de investigação incluem a utilização de técnicas geodésicas precisas para medir deslocamentos e deformações da superfície terrestre, análise automatizada de lineamentos a vários níveis.

A novidade científica do estudo é a seguinte:

foi construído um modelo geoide do território do polígono geodinâmico de Tashkent;

foi calculado o catálogo de velocidades dos pontos na região de Tashkent;

revelou-se que a dinâmica das alterações das estruturas de lineamentos e da fracturação da superfície terrestre está relacionada com processos hidrológicos e sísmicos, bem como com a carga antropogénica em toda a área de estudo.

Os resultados práticos do estudo são os seguintes:

foi criado o geoide local do polígono geodinâmico de Tashkent;

foi criado um modelo digital local das alturas normais do polígono geodinâmico de Tashkent;

Foi desenvolvido um algoritmo melhorado para a análise automática de estruturas de lineamentos para identificar precursores de sismos;

Os valores das velocidades horizontais e verticais dos pontos de referência foram obtidos a partir dos dados do sistema global de navegação por satélite.

A fiabilidade dos resultados do estudo é justificada pela monitorização a longo prazo, por uma variedade de métodos de análise (incluindo a geodesia GNSS, a interpretação automática de imagens de satélite e a modelização) e pela comparação com dados independentes, o que permite a fiabilidade e a precisão das conclusões sobre os processos tectónicos na região de Tashkent.

A importância científica dos resultados da investigação reside na possibilidade de utilizar os métodos e recomendações desenvolvidos para descrever as deformações modernas, incluindo as de natureza antropogénica, da crosta terrestre da região de Tashkent.

O significado prático dos resultados do estudo é que podem ser aplicados na criação de um sistema automatizado de monitorização de processos tectónicos, incluindo sismos e no aperfeiçoamento do sistema de alturas normais da República do Uzbequistão.

Âmbito e estrutura da monografia. O trabalho é composto por uma introdução, quatro capítulos, uma conclusão e uma lista de referências. O volume da monografia é de 109 páginas.

SISTEMAS GLOBAIS DE NAVEGAÇÃO POR SATÉLITE PARA OBSERVAÇÃO DE PROCESSOS GEODINÂMICOS

1.1 Estudos geodinâmicos regionais por métodos de satélite

O Usbequistão, que cobre as latitudes de 37° 11' a 45° 36' N e as longitudes de 56° a 73° 10' E, situa-se na zona de transição entre as cadeias montanhosas de Tien Shan e a plataforma de Turan. Esta área é um ponto de interação entre várias placas litosféricas importantes, incluindo as placas europeia, asiática, iraniana, indiana e chinesa. Estudos realizados por especialistas do Museu Geológico Estatal Vernadsky da Academia Russa de Ciências, como Y.G. Gatinsky e D.V. Rundquist, utilizando medições GNSS, mostram que o continente euro-asiático não é um bloco tectónico homogéneo. Pelo contrário, é constituído por uma placa sólida da Eurásia do Norte, rodeada ao longo dos seus limites sudeste e leste por uma zona que inclui várias dezenas de microplacas [1; p.3-20]. Os estudos sobre as caraterísticas estruturais e tectónicas da placa de Turan assinalam a reativação de falhas a cerca de 200 km a oeste do Tien Shan. As falhas do Paleozoico tardio mostram reativação, o que indica uma deformação contínua da placa de Turan. Estes resultados são obtidos a partir dos trabalhos de Ulomov V.I. [2; pp. 14-30, 3; pp. 18-28]. Além disso, verificou-se o envolvimento ativo da placa de Turan e do escudo do Cazaquistão nos processos de ativação tectónica da região [4; p.91-98]. O Tien Shan Central, especialmente a área a oeste da falha de Talas-Fergana, mostra movimentos rotacionais pronunciados no sentido anti-horário. As taxas de movimentos horizontais variam de 4-5 a 0,5 mm/ano e diminuem rapidamente nas direcções noroeste e oeste. É notória a elevada taxa de deslocação da crosta entre as falhas Talaso-Fergana e Fergana Oriental [2; p.14-30].

No final do século passado, os cientistas do Instituto de Sismologia da Academia das Ciências do Uzbequistão, nomeadamente A.R. Yarmukhamedov e D.H. Yakubov, criaram um mapa dos movimentos jovens e modernos do Uzbequistão à escala de 1:1000000. Este mapa foi desenvolvido com base na compilação e nos próprios dados geológicos e geomorfológicos, incluindo informações de medições geodésicas efectuadas em polígonos geodinâmicos do Uzbequistão. O mapa do Uzbequistão Oriental numa escala de 1:500000 foi também compilado por L.A. Khamidov [5; p.88-91].

Mapas de movimentos horizontais e verticais modernos baseados em medições de satélite foram compilados para o território do Uzbequistão [6; pp. 1-130, 7; pp. 67-70, 8; pp. 168-171, 9; pp. 228-233]. Estão a ser realizados estudos destinados à estimativa em tempo real dos deslocamentos e está a ser desenvolvida uma metodologia para a previsão de sismos e da sua relação com as águas subterrâneas [10; p. 29-35]. Os estudos da relação entre as tendências espaciais e temporais dos movimentos modernos da superfície terrestre e a sismicidade mostraram que o Tien Shan Ocidental é um sistema geodinâmico complexo [6; p. 1-130]. Utilizando o catálogo de sismos, foi efectuada a reconstrução dos campos do estado de tensão moderno da crosta terrestre no Uzbequistão. Foi aplicado o método de análise cataclástica dos deslocamentos de rutura (Fig.1.2). Esta abordagem fornece uma representação mais exacta das deformações na crosta e pode ser utilizada para uma previsão e gestão mais eficazes dos riscos geológicos na região (Fig. 1.1) [11; p. 28-52]. Como resultado da reconstrução de tensões, obteve-se que, para a região de Pritashkent, a direção quase latitudinal do eixo principal da tensão de compressão máxima o3 foi revelada. [11; c. 28-52]. Estes trabalhos são efectuados apenas com base em medições no solo obtidas a partir de medições em estações sísmicas e métodos geológicos. Isto, por sua vez, impõe uma limitação na cobertura espacial e leva à relevância da utilização de dados de satélite.

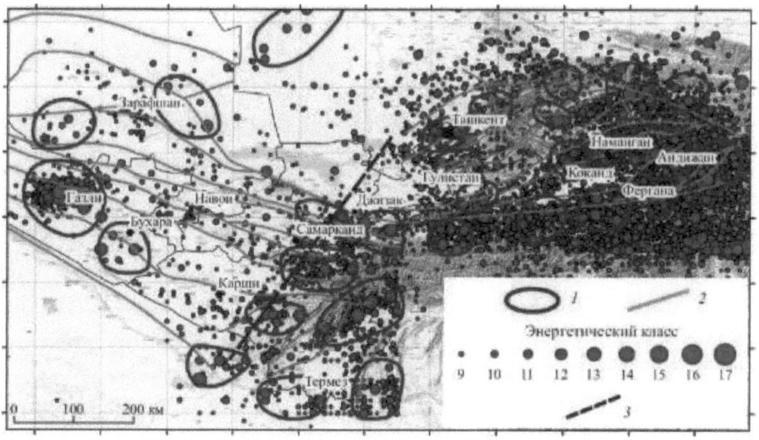

1 - zonas focais; 2 - falhas activas; 3 - lineamento de West Tien Shan. Círculos -

epicentros de terramotos

Fig.1.1 Mapa de epicentros de sismos fortes (M = 2,5-7,5) e falhas [11; c. 31]

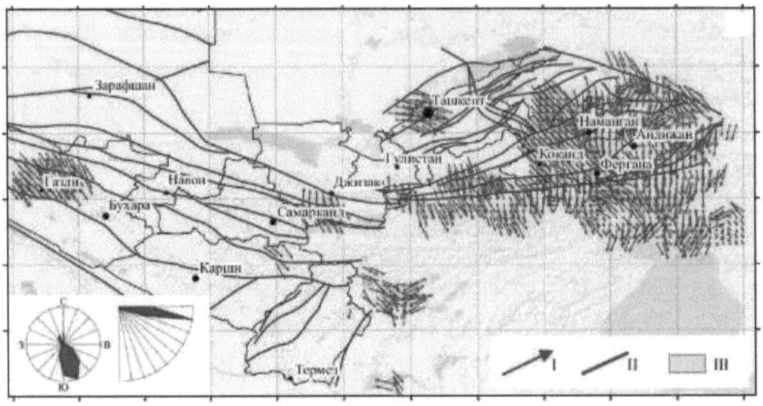

I - eixos de tensão principal mínima (compressão máxima); II - falhas activas; III - zonas sismogénicas: *1* - Talaso-Fergana; *2* - Chatkal-Atoynak; *3* - Fergana Norte

; *4* - Namangan; *5* - Andijan; *6* - Fergana Sul; *7* - Kurshab; *8* - Taldysu; *9* - Chatkal

; *10* - Sandalash; *11* - Angren; *12* - Pskemsko-Tashkent; *13* - Nurekata; *14* - Lyangar; *15* - Ugam-Karjantau; *16* - Mogoltau-Pistalitau; 17 - Besapano-Severo-Nurata; *18* - Bukuntau; *19* - Severo-Tamdy; *20* - Norte-Kuljuktau-Turkestan; *21* - Sul-Auminzatau-Aktau; *22* - Zarafshan; *23* - Predkizilkum; *24* - Sul-Tian-Shan; *25* - Bukhara; *26* - Sultanuizdag; *27* - Gissar-Kokshaal; *28* - Kyzyl Darya-Liangar; *29* - Baysun-Kugitang; *30* - Surkhantau-Sherabad-Kelif; *31* - Babatag-Keykitau

; *31* - Babatag-Keykitau.

Fig.1.2 Projeção do eixo de compressão máxima (o3) em sismos (M < 4.5), amostra N > 6, raio R < 30 km [11; p. 40]

O estudo das falhas tectónicas através de métodos geológicos tem uma longa história e produziu bons resultados. Ao mesmo tempo, os períodos entre eventos sísmicos, que são o tempo de acumulação de tensões, não são suficientemente estudados. Os métodos geológicos não o podem fazer devido às suas limitações de precisão, e o levantamento geodésico por métodos clássicos, devido às baixas velocidades na maior parte das falhas de Tien Shan e à presença de deformação distribuída entre elas, dá origem a grandes erros e requer um tempo de observação considerável.

As construções tectónicas estão a ser melhoradas utilizando técnicas de geodesia espacial. A deteção remota, com a sua capacidade de fornecer uma cobertura sinóptica e recorrente, tornou-se nos últimos anos uma ferramenta poderosa para avaliar e monitorizar a atividade dinâmica da Terra, incluindo a tectónica ativa e as alterações na topografia da superfície no espaço e no tempo. Os estudos da cinemática desta região e da distribuição das deformações através de métodos modernos de geodesia espacial, nomeadamente o GNSS, são objeto dos trabalhos de Abdurakhmanov K.E., Abdullabekov K.N., Khamidov L.A., Fazilova D.Sh., Ergeshov I.M. e outros. [12-16].

Os primeiros estudos que utilizam métodos de geodesia espacial na região estão relacionados com avaliações quantitativas dos movimentos modernos da superfície terrestre em intervalos de tempo curtos. Desde 1992, têm sido efectuadas medições na parte norte da Ásia Central na rede internacional (Alemanha, Quirguizistão, Uzbequistão, Tajiquistão, EUA) de observações GNSS CATS (Central Asia Tectonics Sciences) [12; 16; p.75-84]. A rede regional abrangeu a área desde a fronteira norte até à fronteira leste da depressão do Tajiquistão, a bacia do Pamir do Norte e do Tarim, a bacia de Fergana, as linhas de Chatkal e Tien Shan e a plataforma do Cazaquistão. De acordo com os resultados das medições em rede, a taxa de contração da crosta de Tien Shan no norte é de cerca de 15 mm/ano [12; p. 450-453], no sul é superior a 20 mm/ano [13; p.42-45]. As abordagens modernas à preparação para emergências e à atenuação de catástrofes exigem a obtenção de informações sobre fenómenos geodinâmicos destrutivos o mais rapidamente possível e, se possível, em tempo real [17; p.10-15]. O Instituto de Sismologia da Academia de Ciências da República do Uzbequistão efectua investigação para identificar indicadores morfocinemáticos da geodinâmica moderna do Tien-Shan Ocidental com base no estudo dos movimentos modernos da superfície terrestre utilizando medições GNSS [18; p.49-54].

Para resolver o problema da previsão dos movimentos modernos da crosta terrestre e desenvolver os seus fundamentos físicos, é necessário estudar as mudanças nas várias propriedades das rochas sob a ação de cargas ou pressões em condições naturais. Para este fim, são criados polígonos geodinâmicos (GDPs), onde são realizados estudos complexos para investigar as peculiaridades da manifestação espacial e temporal dos precursores de terramotos [19]. Atualmente, existem também várias dezenas de polígonos geodinâmicos de várias finalidades em funcionamento no território do Uzbequistão, a maioria dos quais são concebidos para estudar os movimentos modernos da crosta (MCM) em várias estruturas e zonas sísmicas para procurar precursores de terramotos. Após os terramotos de Tashkent 1966 e Tavaksay 1977, a fim de procurar precursores de terramotos fortes e desenvolver algumas questões da atividade geodinâmica moderna da crosta terrestre, foi organizado o polígono geodinâmico de Tashkent, onde, desde 1978 até ao presente, tem sido realizada investigação fundamental sobre a procura de precursores de terramotos (Fig.1.6) [6; p.1-130, 20; p.5-8, 21; p.367-371].

1.2 Objeto de estudo

A região de Tashkent, no Uzbequistão, é amplamente reconhecida pelo seu sector industrial em crescimento, que inclui várias indústrias, como a extração de carvão, a construção, a produção de energia, a exploração mineira e os sistemas de irrigação. A região alberga indústrias-chave, incluindo a mina de carvão de Angren, a mina a céu aberto de Jigiristan, as minas de carvão de Naugarzan e Apartak e a Combinação Mineira e Metalúrgica de Almalyk, que desempenha um papel importante como principal produtor de metais não ferrosos do país. O centro industrial de Almalyk, estrategicamente localizado a 50 km a sudeste da capital Tashkent, funciona como um importante pólo industrial. Situada numa zona de atividade tectónica significativa, a região enfrenta desafios exacerbados pelo elevado nível de abastecimento de água no território. [2]É de notar que a região de Tashkent ocupa um dos dois primeiros lugares do país em termos de atividade sísmica, tal como indicado pelo mapa de aceleração do solo com valores máximos até 4,8 m/s [22]. Além disso, uma parte significativa da região de Tashkent está sujeita a uma elevada tensão de compressão, o que indica uma dilatação negativa [23]. Estudos pormenorizados centrados nos deslocamentos ao longo de sistemas de falhas confirmaram a predominância de um eixo latitudinal próximo da tensão de compressão máxima na região [11]. Estes resultados sublinham a importância crucial de uma monitorização cuidadosa e de uma gestão eficaz dos processos de deformação na região para reduzir os riscos associados a eventos sísmicos e perigos potenciais.

A região de Tashkent situa-se no centro (médio) do Tien Shan e caracteriza-se por uma estrutura tectónica complexa e diversificada. A área de estudo é limitada a sul e sudeste pelas cordilheiras de Chatkal e Kuramin, a norte e noroeste pela cordilheira de Ugam e pelo seu ramo - a cordilheira de Karjantau, e a sul pelo vale de Fergana. A leste e a nordeste, a cordilheira de Talas Alatau constitui a fronteira da região. Esta região é caracterizada por uma estrutura tectónica complexa causada pela formação intensiva de montanhas e movimentos de plataformas ao longo de muitos milhões de anos. Os movimentos tectónicos que prevalecem no Médio Tien Shan incluem a formação de montanhas dobradas e dobradas e elevadas (Figura 1.3). As montanhas aqui são formadas pela colisão de placas litosféricas, resultando numa forte dobragem e elevação da crosta [24]. A área de estudo considerada neste documento inclui duas das nove principais zonas sísmicas activas localizadas no Uzbequistão e identificadas com base em dados sismológicos e sismotectónicos: as zonas de Tashkent e Nurekatino-Angren. A região inclui duas grandes zonas sísmicas activas identificadas com base em dados sismológicos e sismotectónicos e capazes de gerar sismos fortes: Tashkent e Nurekatino-Angren. A zona sísmica ativa de Tashkent tem um comprimento de cerca de 240 km e uma largura de 30-40 km e estende-se de NE para SW. As manifestações sísmicas dentro dos seus limites são determinadas pela atividade geodinâmica moderna da falha de Karzhantau na parte nordeste e da zona de fratura flexural de Tashkent na parte sudoeste. Durante o período instrumental de observações, foram registados vários sismos fortes nesta zona: Burchmulin 1959 M = 5,9, Tashkent 1966 M = 5,3, Tavaksay 1977 M = 5,3, Nazarbek 1980 M = 5,1, Altyntyubinsk 1987 M = 5,1. A última ativação da zona sísmica ativa foi manifestada por sismos com magnitudes M = 4,8 e M = 4,6 em 2008 e 2010. O período médio de recorrência de sismos fortes na zona sísmica ativa de Tashkent é de 12-15 anos. A segunda, a zona sísmica ativa de Nurekati-Angren, tem um comprimento de cerca de 300 km e uma largura de 20-30 km, estendendo-se de NE para SW. As manifestações sísmicas desta zona são causadas pela influência dinâmica da falha de Nurekata, na parte ocidental, e das falhas de Angren Norte e Sul, na parte meridional. O terramoto de Koshtepinsk de 1965 com M = 5,5; o terramoto de Bukin de 1967 e o terramoto de Pskent de 1970 com M = 5,0 são conhecidos na zona. A última ativação nesta zona foi manifestada pelo terramoto de Tuyabuguz com M = 5,6 em 2013. O período de recorrência de sismos fortes nesta zona é de 12 anos [25].

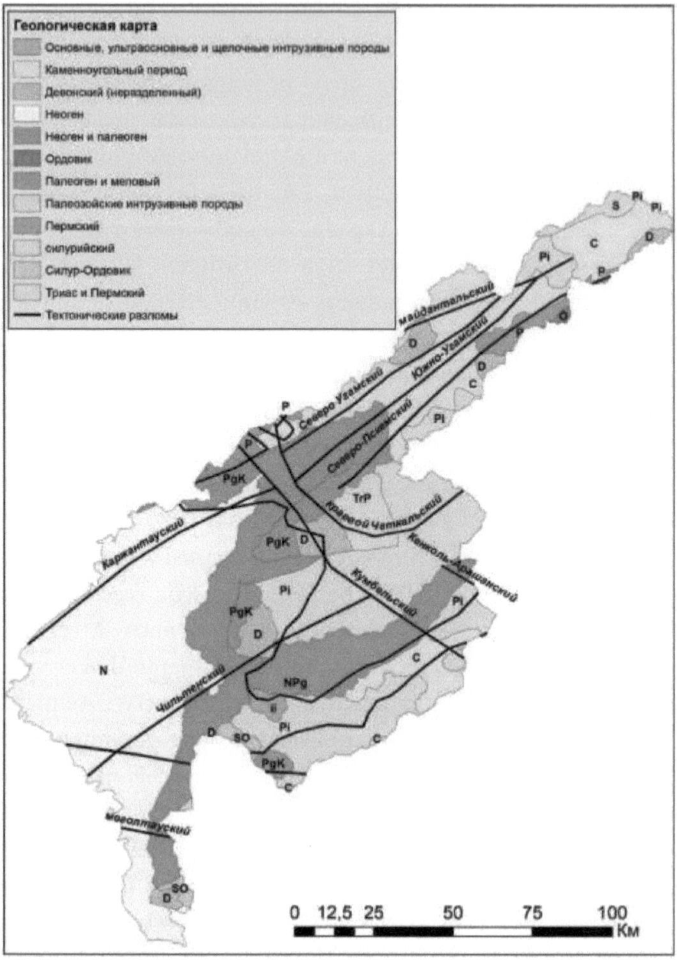

Fig.1.3. mapa geológico da região de Tashkent

Sh.H.Abdullaev et al. compilaram o "Mapa das rupturas activas da República do Uzbequistão" numa escala de 1:1000000. Com base nos factos geológicos e geofísicos disponíveis em locais separados, as falhas da Ásia Central, incluindo o Uzbequistão, são geneticamente classificadas em profundas (transcrustais), marginais (crustais) e recém-formadas (falhas da cobertura). Falhas por subordinação estrutural-hierárquica e localização geológico-estrutural

são subdivididas em três categorias. As descontinuidades profundas do 1° escalão incluem as descontinuidades que separam as zonas geo-estruturais: Oeste-Tianshan, Sul-Tianshan. As descontinuidades marginais do 2° escalão incluem as descontinuidades que separam os principais elementos estruturais dentro das áreas geo-estruturais (longitudinais) e os seccionam (transversais). Longitudinal: Norte-Fergana, Sul-Fergana, Nurata, Turquestão , Amudarya, Norte-Bukantau, Sul-Kuljuktau. Transversal (secante): Ural-Omã, Persa-Balkhash, Tashkent-Dushanbe. Todas as outras falhas (Fig. 1.4) são classificadas como falhas marginais e de formação recente de 3ª categoria [26].

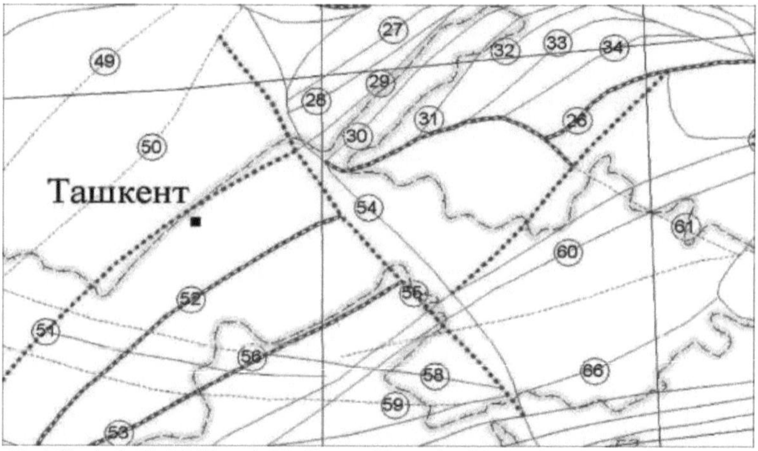

26- Krai Chatkal, 27- Majdantal, 28- Severo-Ugamsky, 29- Yuzhno-Ugamsky, 30- Severo-Pskemsky, 31- Yuzhno-Pskemsky, 32- Severo-Sandalashsky, 33- Yuzhno-Sandalashsky, 34- Chatkalsky, 49- Dzhausumsky, 50- Pritashkent, 51- Karzhantau, 52- Chiltensky, 53- Zhelezny, 54- Kenkolsky, 55- Kumbel-Kokandsky, 56- Bashtavaksky, 58- Kurusay-Okurtau, 59- Norte-Mogoltau, 60- Prikuraminsky, 61- Leste-Fergana, 66- Tamdy-Karachatyrsky.

Fig.1.4. mapa esquemático das falhas profundas regionais do TGP e território adjacente [26].

[23]A barragem de Charvak, com uma área de cerca de 40 km e um volume de 2 km, concebida principalmente para fins hidroeléctricos, está localizada na zona de TGP. A altura da barragem de Charvak é de 168 m. [3]Durante o ciclo anual de funcionamento da albufeira, o volume de água na albufeira muda de 100 para 2000 milhões de m, criando cargas adicionais concentradas variáveis nas rochas subjacentes [27; p. 985-998]. Estudos geomagnéticos sobre a modelação dos processos de preparação de terramotos na área da albufeira de Charvak, conduzidos pelo Instituto de Sismologia da Academia de Ciências da República do Uzbequistão, revelaram que as anomalias locais do campo geomagnético associadas ao processo de alteração do volume de água na albufeira e à sismicidade local ocorrem simultaneamente por carga gravitacional devido à massa de água [20-21].

1.3 Estudo dos desvios dos pontos GNSS na região

Os métodos de geodesia espacial permitem determinar com grande exatidão os movimentos horizontais da crosta terrestre. A gama de valores dos movimentos modernos varia de ~ 1 cm/ano a 15 cm/ano e resulta principalmente de grandes deformações das placas tectónicas nas fronteiras. Os valores dos movimentos verticais da crosta, por outro lado, situam-se geralmente na gama de 1-10 mm/ano, ou seja, magnitudes uma ordem de grandeza mais pequenas do que os movimentos horizontais. Por conseguinte, são mais difíceis de medir. Os movimentos verticais resultam de vários factores: processos tectónicos profundos responsáveis pelos chamados movimentos modernos lentos da crosta terrestre e que causam flutuações seculares regulares dos blocos tectónicos ou das estruturas tectónicas, flutuações sazonais do solo, influências antropogénicas, bem como alguns movimentos de curta duração, possivelmente também de origem tectónica, mas não sujeitos a regularidades e de natureza bastante aleatória. Os movimentos verticais não periódicos causados pelos fenómenos acima referidos podem ser locais, regionais e globais. Até à data, são pouco conhecidos para efeitos de modelação de alta precisão [34]. Foram efectuados anteriormente estudos separados para determinar o campo de velocidade na região de Tashkent [2; 18; 12; 38].

As observações efectuadas através de uma rede de pontos de Sistemas Globais de Navegação por Satélite (GNSS), cuja elevada precisão e resolução permitem determinar pequenas alterações nas coordenadas geocêntricas de pontos no solo a curtos intervalos de tempo, constituem a base para o desenvolvimento da infraestrutura nacional de dados espaciais da República do Usbequistão. Foi estabelecida no país uma rede geodésica GNSS, cujas medições são utilizadas para resolver problemas como a construção de um sistema nacional de coordenadas, estudos de deformações da crosta terrestre e determinação do geoide [2832]. As medições em mais de 50 pontos permanentes no país estão também a tornar-se a base para observações no domínio das geociências, em particular, a construção de um modelo espacial das velocidades da placa euro-asiática na região e a obtenção de informações sobre fenómenos geodinâmicos destrutivos no mais curto espaço de tempo possível em tempo real [33].

A região tem atualmente uma rede GNSS de 12 estações, incluindo ALMA, ANGR, BAUD, BUKD, CHIR, GAZA, GULD, KELE, MTAL, SAYX, TASH e TOYT (Figura 1.5). Para o nosso estudo, selecionámos 6 campanhas de medição para analisar com base na disponibilidade de dados. A duração desses ciclos de medição, realizados de outubro de 2018 a outubro de 2020, foi de aproximadamente 30 dias cada (Tabela 1.1.1). As estações estão equipadas com antenas geodésicas blindadas em arco e recetores Leica/Trimble, com o ângulo de posição das antenas mantido abaixo de 10°. Os dados são recolhidos em intervalos de aproximadamente 30 segundos.

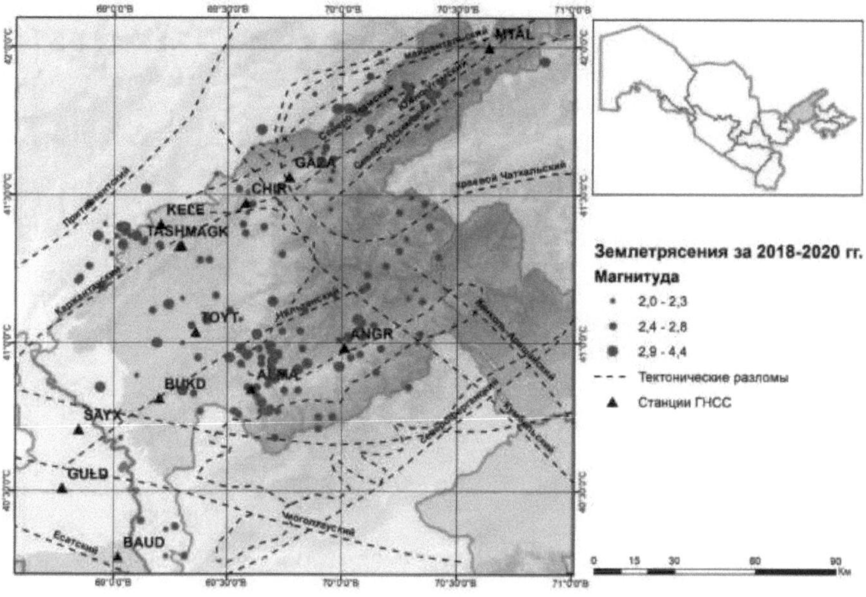

Fig.1.5. Rede GNSS da região de Tashkent

Quadro 1.1.

Períodos (dias ou meses) de observações utilizados para a análise

	janeiro	fevereiro	março	abril	julho	agosto	setembro	outubro
2018	-	-		-	-	-	-	1-26
2019	10-31	1-28	1-31	1-30	-	-	29-30	1-26
2020	1-31	-	-	1-30	1-31	1-31	1-30	1-31

As medições foram processadas no software GAMIT/GLOBK do Massachusetts Institute of Technology com base no método dos mínimos quadrados, de acordo com as recomendações e normas do Serviço Internacional de Rotação da Terra [35-36]. A fim de obter uma solução estável de coordenadas e velocidades e de ligar com precisão as medições regionais ao sistema internacional de coordenadas de referência ITRF2014 [37], para além dos pontos internacionais (KITG, KIT3, TASH), foram incluídas no processamento 13 estações do serviço internacional GNSS para geodinâmica IGS (BJFS, BADG, LHAZ, URUM, PODG, KRTV, HYDE, IISC, CHUM, POL2, KAZA, KURG, TALA). Na primeira fase do processamento dos ficheiros RINEX no módulo GAMIT, a qualidade das medições foi avaliada utilizando valores de desvio padrão (RMS) para satélites e estações. O intervalo de erro para os melhores pontos da rede é de 4 mm a 5,3 mm e para os piores pontos é de 8 mm a 12,4 mm. As ambiguidades foram resolvidas com 97% para a banda larga e 91% para a banda estreita, o que confirma a pseudo-distância sem ruído e indica que a precisão dos dados em bruto é suficiente para obter uma solução fiável [35]. O RMS normalizado é de cerca de 0,19 mm para todas as sessões. A Figura 1.6 mostra a distribuição da velocidade da região em relação à placa euro-asiática e os deslocamentos locais obtidos por "estabilização da placa".

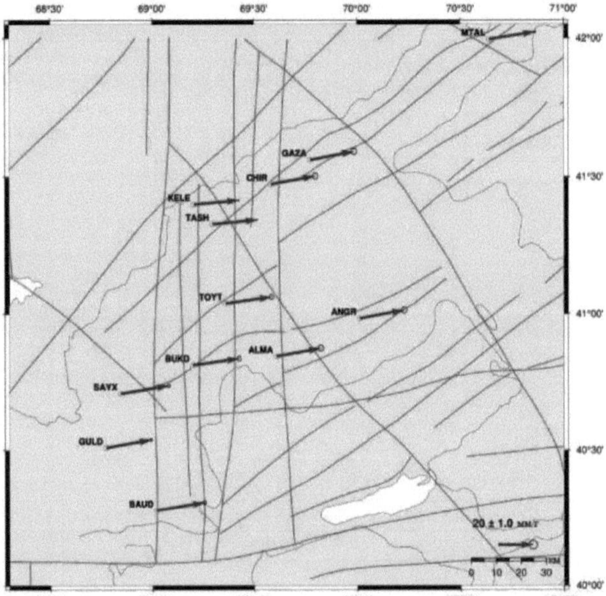

Fig. 1.6. Campo de velocidade horizontal da região em relação à placa euro-asiática

Na área de estudo, todos os pontos indicam deslocações horizontais significativas com um nível de confiança de 95%. A direção nordeste, correspondente ao movimento da Eurásia, dos deslocamentos tectónicos varia entre 21 mm/y e 33 mm/y. Os movimentos locais, obviamente com caraterísticas zonais devido às falhas tectónicas da região, atingem valores de 1,82 mm/ano a 6,04 mm. A velocidade média das estações da região é de cerca de 4 mm/ano para o considerado no trabalho do período de 2018 a 2020 (Figura 1.7).

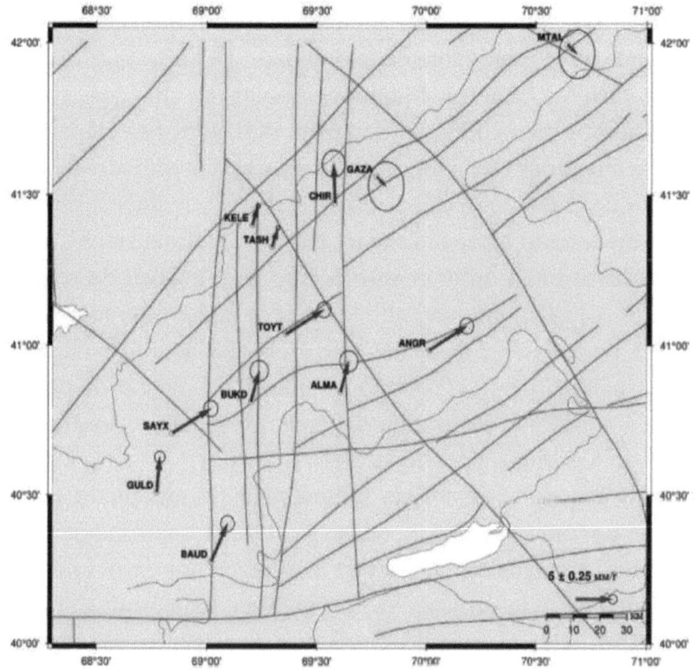

Fig. 1.7 Campo horizontal de deslocações locais na "Eurásia fixa"

1.4 Construção de um campo de velocidade regular da região de Tashkent com base na interpolação de dados de pontos GNSS

As velocidades pontuais ou o chamado modelo de velocidade obtido no programa GAMIT/GLOBK permite descrever o movimento da placa euro-asiática na zona de estudo. Ao "fixar a placa euro-asiática" no programa, é possível calcular deslocamentos que determinam as caraterísticas do movimento das falhas locais na região ou o efeito das cargas antropogénicas. Mas, para obter um modelo mais informativo da cinemática da região, é necessário construir um modelo de velocidade contínua interpolando os valores discretos obtidos sobre o resto da região. Para aperfeiçoar os modelos tectónicos "em bloco" ou "contínuos", é necessário dispor de uma rede mais densa de medições e, neste caso, a interpolação destes pontos discretos para toda a área não coberta por medições para obter um modelo de velocidade contínuo é uma tarefa importante. Vários autores utilizaram métodos de interpolação, tais como o método dos mínimos quadrados utilizando a função de covariância [39], o método do vizinho mais próximo, o método da distância inversa ponderada [40], o método da curvatura mínima [41], a krigagem [42], etc. No entanto, estes métodos de interpolação são morosos e o processo em si é relativamente complexo. Ferramentas de cartografia genéricas O GMT (Generic Mapping Tools) é um dos softwares de cartografia gratuitos e de código aberto mais utilizados nas ciências da Terra, com poderosas funções de cartografia e processamento de dados. Para o processamento de dados, o GMT dispõe de triagem de dados, reamostragem, filtragem de séries temporais, filtragem de grelha bidimensional, interpolação de grelha tridimensional, aproximação polinomial, análise de regressão, etc. Além disso, o GMT pode ser utilizado para uma interpolação rápida e conveniente e para o cálculo da taxa de deformação [43]. Neste trabalho, utilizou-se o método de interpolação acoplada dos vectores do campo de velocidade bidimensional utilizando a função de Green e implementado no GMT através do algoritmo gpsgridder [44].

A interpolação de dados vectoriais bidimensionais utilizando restrições de elasticidade é um método que permite criar uma representação suave de dados vectoriais esparsos. Este método baseia-se nos princípios físicos da elasticidade, em que a deformação de um material é determinada pelas forças que actuam sobre ele. O método envolve a construção de uma matriz de equações que relaciona pontos de dados observados com pontos de dados desconhecidos, com as restrições da equação de elasticidade. A matriz é então resolvida utilizando um algoritmo de otimização linear ou não linear para encontrar a melhor estimativa dos pontos de dados em falta que satisfaça as restrições. As restrições de elasticidade utilizadas neste método são normalmente derivadas das equações de Navier-Stokes, que descrevem o movimento do fluido e as forças que actuam sobre ele. Estas equações são utilizadas para calcular um tensor de deformação que descreve a deformação do fluido em cada ponto da grelha. O tensor de deformação é então utilizado para calcular as tensões que actuam no fluido, que são equilibradas pelas forças que actuam sobre ele. O método envolve a utilização de restrições de elasticidade para interpolar dados vectoriais numa grelha regular. Isto é feito através da adaptação de uma função suave aos dados que satisfazem as restrições. A função de suavização é então utilizada para estimar os pontos de dados em falta. O método utiliza um modelo elástico bidimensional para estabelecer uma relação entre as duas componentes da velocidade horizontal dos pontos GNSS: latitude (N) e longitude (E). Assume-se que uma força vetorial actua em cada ponto. Estas forças causam a deformação de um corpo elástico, resultando num campo vetorial de deformação. Para qualquer ponto do campo, o vetor velocidade é calculado e a magnitude e direção da força atuante são ajustadas até serem iguais a um dado valor do vetor velocidade. A interpolação acoplada realiza a resposta de um corpo elástico no espaço bidimensional a uma deformação atuante com base na análise da função de Green. Os diferentes estados de elasticidade (da elasticidade à compressão total) são ajustados utilizando o coeficiente de Poisson. A dimensão da grelha é escolhida de modo a que cada célula tenha pelo menos um ponto de observação [45]. A distância entre os pontos é de 30-50 km, pelo que foi escolhida uma grelha com um tamanho de célula de 1° para interpolar as componentes do campo de velocidade. O coeficiente

O rácio de Poisson foi assumido como sendo 0,5, correspondendo a uma elasticidade típica [46].

Os resultados do método de interpolação acoplada para a construção do modelo de velocidade horizontal da região são apresentados na Fig. 1.8.

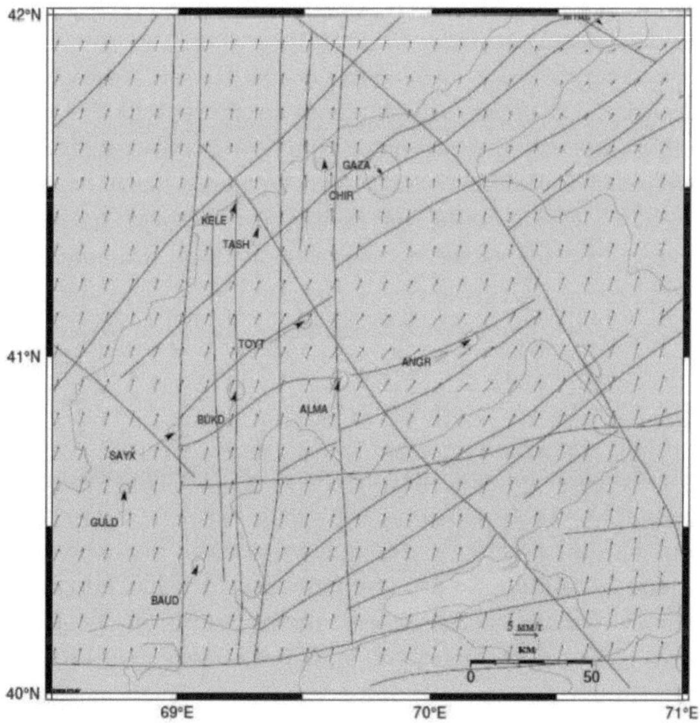

Fig. 1.8. Distribuição espacial do campo de velocidade horizontal da região (as setas pretas representam o campo de velocidade original e as setas azuis

representam os resultados da interpolação)

A análise da distribuição espacial do campo de velocidade medido do movimento horizontal da crosta terrestre na região de Tashkent, apesar da escassa densidade de pontos, revelou tendências de distribuição não uniforme da velocidade, o que é confirmado pela estrutura geológica da região. Na zona de intersecção das placas tectónicas Karzhantau, Kumbelskaya e Chatkal, observa-se uma tendência para o movimento de rotação. Verifica-se que a gama de valores das deslocações horizontais dos pontos varia de 3 mm na parte plana a 10 mm na parte montanhosa da área.

A avaliação dos valores numéricos medidos e interpolados das velocidades confirma que o valor das velocidades na parte leste da área é maior do que na parte oeste. A tendência geral da direção do movimento de rotação da área investigada é determinada pela rotação no sentido dos ponteiros do relógio de oeste para leste. O campo de velocidades a oeste aumenta de sul para norte. No entanto, no campo de velocidades a leste, os valores numéricos atingem valores máximos até 10 mm/y. Por outro lado, em termos de análise da direção do movimento, no leste, há um movimento constante de sul para nordeste, enquanto no oeste, o movimento alterna com blocos rotacionais. Neste documento, é efectuado um estudo do campo espacial das velocidades dos pontos GNSS da região de Tashkent com base em observações de 2018 a 2020. As velocidades dos pontos ou o chamado modelo de velocidade obtido no programa GAMIT/GLOBK permitiram-nos estimar as velocidades horizontais de 14 pontos localizados nesta região, cujo intervalo varia entre 21 mm/y e 33 mm/y. Relativamente à placa tectónica eurasiática "estável", foram calculados os valores dos deslocamentos locais da região, que tanto podem ser consequência do movimento de microblocos como da influência de factores antropogénicos (operações mineiras na zona de Angren e Almalyk). Para obter um campo contínuo de distribuição horizontal da velocidade na região, foi utilizado o método de interpolação acoplada de vectores bidimensionais do campo de velocidade baseado na função de Green e implementado no programa cartográfico GMT. Foi observada uma tendência geral de distribuição não uniforme da velocidade. Foram revelados movimentos de rotação ao longo das placas tectónicas de Karzhantau, Kumbelskaya e Chatkal. A direção do movimento tende a ser no sentido dos ponteiros do relógio, de oeste para leste. Verificou-se que a gama de valores dos deslocamentos horizontais dos pontos atingiu o valor mínimo de 3 mm na parte plana, e os valores máximos até 10 mm foram observados nas áreas montanhosas da região. A velocidade média das estações na região é de cerca de 4 mm/ano. Os métodos e resultados deste estudo podem ser utilizados tanto para a avaliação dos factores antropogénicos que influenciam os deslocamentos da superfície terrestre durante as operações mineiras na região e resultantes da elevada sismicidade induzida da região, como para a implementação do datum dinâmico do novo sistema nacional de coordenadas geocêntricas da República [47-49].

Conclusões sobre o primeiro capítulo

O estudo analisa o campo de velocidade espacial de 12 sítios GNSS na região de Tashkent para 2018-2020. Foi estimada a velocidade horizontal no intervalo de 21-33 mm/ano. Foram calculadas as deslocações locais relacionadas com o movimento de microblocos e factores tecnogénicos (operações mineiras). Utilizando o método de interpolação acoplado, foi construído um campo de velocidade horizontal contínuo, revelando uma distribuição não uniforme. Foram encontrados movimentos de rotação ao longo de várias placas tectónicas com uma tendência geral no sentido dos ponteiros do relógio. Os deslocamentos horizontais variam de 3 mm na parte plana a 10 mm nas regiões montanhosas. A taxa média da estação é de aproximadamente 4 mm/ano. Os resultados são aplicáveis à avaliação dos impactos antropogénicos e à criação de um datum de referência dinâmico do novo sistema nacional de coordenadas geocêntricas.

CAPÍTULO II

EXACTIDÃO VERTICAL DO MODELO DIGITAL DE ELEVAÇÃO (DEM)

2.1 Investigação da influência da precisão do modelo digital de elevação nos processos tectónicos

A superfície terrestre desempenha um papel fundamental na modulação dos sistemas dinâmicos da Terra, incluindo um grande número de processos atmosféricos, geológicos, geomórficos, hidrológicos e ecológicos. A extensão e a regulação dos processos de superfície, como o clima e as forças tectónicas, são condicionadas pela topografia ou forma desta superfície [50; pp. 1173-1177]. Além disso, a força da relação entre a forma e o processo pode variar de fraca a forte e nem sempre é inicialmente visível na paisagem. Consequentemente, a compreensão da natureza da superfície terrestre pode fornecer informações sobre a natureza e a magnitude dos processos acima referidos [51; pp. 29-50].

A representação da topografia através de modelos digitais de elevação (DEM) é uma tarefa importante para compreender a tectónica, a génese e a cartografia dos solos, a ocupação do solo, o fluxo de água, a drenagem e as inundações, a inclinação dos declives e a erosão dos solos [52; pp. 1-336]. Um DEM pode ser representado como um ficheiro raster em que o valor de cada pixel está associado a uma determinada elevação topográfica. As principais fontes para a construção de DEM são curvas de nível, mapas topográficos, GNSS, métodos de fotogrametria, interferometria de radar e imagens estéreo. Estes métodos são comparados em quatro aspectos: custo, exatidão, densidade de amostragem, requisitos de pré-processamento, e apresentam vantagens e desvantagens. A principal vantagem das observações aeroespaciais é a capacidade de obter resolução espacial, espetral e temporal a um custo relativamente baixo.

Um DEM é uma representação gráfica computorizada tridimensional de dados de elevação para representação do terreno [53; p. 775-780]. Um DEM global refere-se a uma grelha global discreta. Os DEMs são frequentemente utilizados em sistemas de informação geográfica e são a base mais comum para mapas digitais de elevação. Os primeiros DEMs utilizavam imagens estereoscópicas do satélite SPOT. Em 2003, a NASA lançou o conjunto de dados SRTM v3 DEM com uma cobertura quase global com uma resolução de um segundo de arco (aproximadamente 30 m). O erro vertical dos dados

SRTM é inferior a ±16 m [54; pp. 49-59]. Os dados são projectados em projeção geográfica (latitude/longitude) com WGS84 horizontalmente e EGM96 verticalmente.

O produto ASTER GDEM V2 é também um DEM disponível gratuitamente que cobre a superfície terrestre entre 83°N e 83°S. O ASTER GDEM é distribuído em formato GeoTIFF no sistema de coordenadas geográficas (latitude/longitude) com uma resolução de 1 segundo de arco (aproximadamente 30 metros). O sistema de coordenadas dos dados é WGS84/EGM96.

O Radar de Abertura Sintética Interferométrico (InSAR) é outro método comummente utilizado para criar DEM e mapas topográficos. O InSAR utiliza duas ou mais imagens de radar SAR de alta resolução espacial para criar DEMs de alta qualidade utilizando técnicas de interferometria de fase. As imagens InSAR têm uma precisão de 1 metro. O levantamento é efectuado independentemente das condições meteorológicas e a qualquer hora do dia [55; pp. 857-872].

O âmbito desses dados depende da extensão geográfica da área de cobertura e, antes da sua utilização, o utilizador deve estar consciente do impacto dos erros (densidade de observação incompleta, imprecisão de posicionamento, erros de introdução de dados, tratamento de erros, problemas de classificação) dos DEM na área de estudo [56; pp. 61-69]. Os erros nos DEM consistem principalmente em duas componentes: precisão de posicionamento horizontal, X e Y, e erros verticais ou precisão de dados de atributos [57; pp. 578-595]. No entanto, a precisão do posicionamento e a precisão dos atributos não podem ser separadas, o erro pode ser devido a um valor de altura errado para a posição correta ou a um valor de altura correto para a posição errada ou a uma combinação de ambos. Existem três grupos principais que afectam a imprecisão dos DEM SRTM e ASTER. O primeiro grupo está relacionado com os parâmetros do sistema durante a aquisição de dados: comprimento e orientação da linha de base, fase, inclinação e posição da antena. O segundo grupo está relacionado com as etapas de processamento dos dados em bruto e o último grupo inclui a influência da vegetação e da cobertura do solo. Por exemplo, é referido em [58; pp. 1378-1400] que um erro de 1 segundo angular na inclinação da linha de base pode ser responsável por um erro de altura de 1,5 m a uma distância de 300 km da Terra. Além disso, um erro de 1 m no comprimento da linha de base provocará um erro de 0,5 m na altura.

A precisão da altura vertical é a diferença de altura entre a altura modelada e a altura real do solo. A precisão vertical depende de uma vasta gama de condições de terreno e de ocupação do solo, de áreas de estudo específicas e do número de amostras que estão a ser avaliadas. A maioria das avaliações de DEM centra-se na precisão vertical absoluta e não na precisão relativa. A precisão vertical absoluta tem em conta todos os efeitos de erros sistemáticos e aleatórios e relaciona a altura modelada com a altura real em relação a um datum vertical estabelecido (georreferenciado). A precisão relativa é a medição da precisão vertical num determinado conjunto de dados, ou seja, a diferença vertical entre dois pontos é medida e depois comparada com a diferença de altura para os mesmos dois pontos no conjunto de dados original.

Nos modelos de altitude, as elevações são médias sobre uma área selecionada. Assim, o espaçamento entre pontos afecta fortemente a capacidade de manter a precisão. Para terrenos planos, os erros são mínimos, mas em terrenos montanhosos, os erros podem ser muito maiores. Os produtos DEM estão constantemente a ser melhorados e são lançadas novas versões. Normalmente, as versões mais recentes são desenvolvidas utilizando melhorias analíticas que reduzem o número de erros ou inconsistências encontrados em versões anteriores de DEM, especialmente com base em estudos de avaliação [59, 60]. Nos últimos anos, muitos investigadores avaliaram produtos DEM a nível mundial [61, 62; pp. 16-26].

Foram propostos vários algoritmos e abordagens de processamento para combinar com outros conjuntos de dados de elevação para melhorar a exatidão e eliminar erros sistemáticos [64; pp. 57-67, 65; pp. 49-59, 66; pp. 5844-5853, 67; p. 2034]. No entanto, embora estes produtos sejam amplamente utilizados, continuam a apresentar erros verticais que excedem os erros aceitáveis. Por exemplo, os modernos DEM globais não podem apresentar pormenores de elevação quando utilizados para o controlo de inundações [68; p. 1-169]. Kenward et al. (2000) avaliaram o impacto de diferentes DEM de grande escala na previsão do escoamento hidrológico e observaram que diferentes DEM podem resultar numa diferença de quase 10% na previsão do escoamento [69; pp. 432-444]. Sanders (2007) investigou vários DEM disponíveis publicamente para modelação de cheias, incluindo dados do US National Elevation Datasets (NED), SRTM, InSAR e LIDAR. O autor concluiu que os DEM InSAR, incluindo SRTM, são mais propensos a ruído e requerem pré-processamento, enquanto os DEM NED são menos propensos a efeitos de ruído e podem ser utilizados para a estimativa de inundações. No entanto, o autor salientou a utilidade da utilização do SRTM como fonte de dados globais do terreno para a modelação de inundações [70; p. 18311843]. Outro estudo avaliou a exatidão vertical dos DEM ASTER e SRTM e concluiu que a delimitação da rede de drenagem é significativamente diferente da localização real [71; pp. 205-2017].

Elkhrachy I. (2018) usou pontos de referência derivados do GNSS para a área da cidade de Najran, Arábia Saudita [72; pp. 1807-1817] para avaliar a precisão vertical dos DEMs SRTM e ASTER. A precisão dos modelos foi de ±5,94 m e ±5,07 m para SRTM e ASTER, respetivamente. Além disso, o autor

utilizando um mapa topográfico como pontos de referência, a exatidão foi de ±6,87 m e ±7,97 m.

No Uzbequistão, os únicos dados de elevação disponíveis são mapas topográficos a diferentes escalas. Para quatro regiões (Kashkadarya, Chadak, Surkhandarya e Vale Fergana), foi desenvolvido um modelo digital de elevação local (DEM) baseado na digitalização de mapas topográficos à escala 1:500 000 e na interpolação de valores de elevação. Atualmente, o DEM desempenha um papel particularmente importante na avaliação da influência dos processos de superfície na formação do terreno em vários locais de atividade humana (polígonos geodinâmicos, centrais nucleares, reservatórios, etc.) no país [73]. Além disso, este trabalho compara a precisão vertical dos modelos digitais de elevação SRTM e ASTER para a construção dos reservatórios de Kyzylsai e Tashtepa, e recomenda a utilização do SRTM DEM para regiões montanhosas e do ASTER DEM para áreas planas na construção de reservatórios [73].

Os DEM (como o SRTM e o ASTER) são utilizados como fontes principais de informação topográfica para muitas aplicações, incluindo análise e modelação hidrológica, modelação de cheias e cartografia de riscos, análise de riscos geológicos e caraterização de deslizamentos de terras. Apesar disso, a qualidade e a exatidão dos DEM utilizados, bem como a sua adequação a estas aplicações, não têm sido avaliadas com precisão. A precisão dos DEM pode ser avaliada por comparação com pontos de controlo no solo que são medidos utilizando equipamento de alta precisão, como o GNSS.

2.2 Construção de uma superfície de correção para um modelo geoidal EGM96

O objetivo desta parte do estudo foi quantificar e comparar a precisão vertical dos DEMs disponíveis publicamente, tais como SRTM30, ASTER GDEM2 e

ALOS AW3D30 para a área TGP.

Para além do DEM, o estudo utilizou dados GNSS do Instituto de Sismologia (SeisNet) e da State Grid (GGS (Fig.1.2). O conjunto de dados utilizado para verificar a exatidão do DEM consiste em 37 pontos geodésicos recolhidos durante o trabalho de campo na região. As redes foram medidas utilizando apenas o sistema GPS (Fig.2.1).

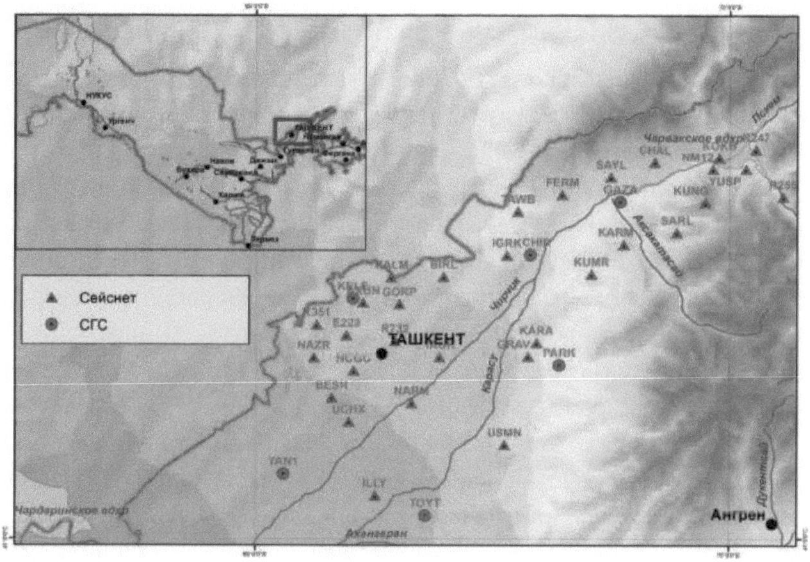

Estações sismológicas do Instituto de Sismologia da Academia das Ciências da República do Usbequistão

GHS - Estações da rede de satélites de classe 1 da República do Usbequistão

Figura 2.1. Rede de pontos geodésicos GNSS do TGP

A rede GNSS inclui várias sub-redes:

Seisnet: uma rede geodésica especial do Instituto de Sismologia na área da TGP, criada para determinar a distribuição do campo de velocidade e deformação. As medições foram efectuadas por especialistas do Centro Nacional de Geodesia e Cartografia. Foram obtidos dados de 31 estações GNSS recolhidos durante 6 ciclos de medições no período de 2009 - 2010. A distância média entre os pontos é de 5-30 km. Cada medição foi efectuada com a ajuda de um recetor

Ashtech Z-Surveyor com observações simultâneas de estações durante 20-30 dias. As posições dos pontos para cada época foram estimadas pelo Instituto de Sismologia utilizando o software Trimble Total Control (TTC) versão 2.73. Os dados das estações permanentes da rede permanente do IGS (KIT3, MDVJ, POL2, NSSP) foram utilizados para relacionar as medições regionais com o quadro de referência global ITRF2014.

GGS: 6 GNSS/pontos de nivelamento da Rede Geodésica Estatal de Satélites de pontos de 1ª classe do Comité Estatal da República do Uzbequistão para os Recursos Terrestres, Geodesia, Cartografia e Cadastro Estatal. Os dados GGS foram processados no programa GipsyX/RTGx fornecido pelo Jet Propulsion Laboratory, utilizando o método de posicionamento por pontos de alta precisão (PPP) [74; pp. 5005-5017]. As posições diárias dos pontos resultantes foram georreferenciadas para o ITRF2014. O PPP com resolução de ambiguidade nos modos estático e cinemático tem um erro com repetibilidade de coordenadas de 2 mm para a componente horizontal e 6,5 mm para a componente vertical [75; pp. 469-489].

Na prática, as alturas normais podem ser determinadas por nivelamento geométrico clássico. A aplicação destes métodos é limitada às distâncias devido à limitação do raio de observação do nivelador, que varia apenas entre 50 e 100 metros. O nivelamento por satélite é utilizado para medir distâncias entre pontos de dezenas a centenas de quilómetros. O atual nível de desenvolvimento das tecnologias GNSS no Uzbequistão permite-nos considerar a possibilidade de substituir os métodos clássicos por nivelamento GNSS por satélite de alta precisão e efetuar medições em intervalos curtos. No entanto, a altura elipsoidal determinada pelos receptores GNSS só pode ser convertida em altura normal se for tido em conta o modelo geoide preciso da área em causa. E, apesar do nível de precisão centimétrica suportado pelos receptores GNSS, na ausência de um modelo geoidal preciso, os resultados da equalização da rede de alturas serão muito subestimados. Um dos métodos utilizados para construir o geoide tem sido a combinação de modelos globais modernos do campo gravitacional da Terra com medições GNSS.

Molodensky M.S. propôs medir as alturas normais em relação a um quasigeóide - uma superfície equipotencial que coincide com o nível médio. A realização de medições com instrumentos, cujo eixo vertical é dirigido ao longo do fio de prumo, permite-nos considerar o geoide como uma verdadeira figura da Terra. Mas, para efeitos práticos, os cálculos são efectuados em relação a outra superfície matemática - um elipsoide. É necessário um modelo de alta precisão do geoide para determinar a relação entre as alturas, o potencial gravitacional, para estabelecer uma ligação entre os sistemas de coordenadas locais e globais, para resolver problemas de geodinâmica, etc. O geoide é uma verdadeira superfície física da Terra. A superfície física real da Terra e a relação entre as diferentes superfícies é mostrada na Fig. 1.3 e é representada pela relação clássica [33]:

$$h = H + \zeta \quad (2.1)$$

(ζ) A equação fundamental (2.1) relaciona as alturas elipsoidais medidas pelo GNSS (h) com as alturas obtidas no sistema local através da medição das anomalias da gravidade e do nivelamento (H). As alturas normais (H) devem ser calculadas com uma precisão da ordem de grandeza da determinação da altura pelos métodos GNSS. Para tal, é necessário um modelo geoide de elevada precisão que, por sua vez, pode ser dividido em 3 componentes: partes de comprimento de onda longo, partes de comprimento de onda médio e uma correção devida à topografia. A primeira componente é determinada utilizando modelos de gravidade global da Terra, a segunda utilizando o integral de Stokes e o terceiro termo utilizando o DEM. ζ A aplicação prática da equação (2.1) é complicada por um certo número de factores, entre os quais se contam os erros aleatórios (ruído) na determinação dos valores de h, H e , a diferença das superfícies de relatividade para diferentes tipos de alturas e o conhecimento insuficiente da relação entre elas, as distorções sistemáticas devidas a erros da parte de onda longa do geoide, os erros GNSS não modelados, os erros da rede de igualização, os fenómenos geodinâmicos (isto é, subsidência do terreno, deformação das placas tectónicas perto das zonas de subducção, etc.).

Modelo global de altura do geoide EGM96, derivado de medições gravimétricas, disponível no domínio público no sítio Web do Serviço de Cálculo do Centro Internacional de Modelos Globais da Terra (ICGEM) [78; pp. 907-1205]. Mas a sua precisão não foi avaliada para o território do Uzbequistão e, por conseguinte, pode ser insuficiente para as tarefas dos utilizadores. A falta de estudo gravimétrico da área agrava ainda mais o problema da utilização de modelos globais sem processamento e avaliação preliminares. Em estudos anteriores, foram utilizados métodos como o modelo polinomial [79; pp. 47-72] e o GNSS/nivelamento [80; pp. 31-35] para melhorar a eficácia do modelo global. O método proposto neste trabalho utiliza uma rede de pontos com altitudes conhecidas a partir de GNSS/nivelamento e de dados do modelo EGM96. O melhoramento do EGM96 com dados GNSS foi efectuado por modelação e interpolação adicional para todo o domínio das diferenças entre as alturas GNSS e EGM96 em pontos "comuns" [81; pp. 85-91]:

$$\Delta N_i = N_i^{GPS-leveling} - N_i^{EGM96} \quad (2.2)$$

(correction surface): nomeadamente a construção da chamada superfície de

$$f(\varphi,\lambda)=\Delta N=N_i^{GPS-lev}-N_i^{EGM96}=a_0+a_1\varphi_1+a_2\lambda_i...=a_i^T x+v_i \qquad (2.3)$$

$$T_i=a_0+a_1\varphi_1+a_2\lambda_i+...-\textit{trend surface} \qquad (2.4)$$

correção

Os valores de tendência foram calculados para cada ponto e, em seguida, os valores dN foram calculados subtraindo a diferença nas alturas do geoide:

$$dN_i=\Delta N_i-T_i \qquad (2.5)$$

Como resultado, o valor melhorado das alturas do geoide é igual:

$$N_i^{improv}=N_i^{EGM96}+dN_i \qquad (2.6)$$

foram construídas utilizando a grelha global de desvio da altura do geoide EGM96 1' x 1' (Fig. 2.2a) para a região (Fig. 2.26). A superfície contínua foi criada utilizando o método de interpolação Natural Neighbour, que proporciona uma melhor precisão da altura do geoide em áreas montanhosas [28; pp. 29-33].

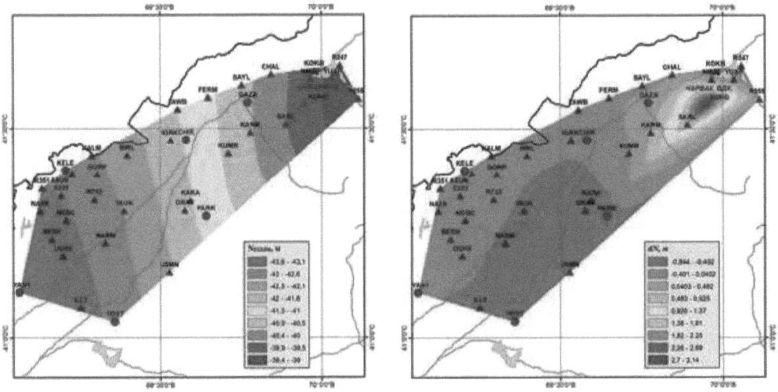

a) б)

Fig. 2.2. $_{96}$Valores dos desvios de altura do geoide DE NEGM(a) e superfície de correção *(dN)* para o modelo do geoide (b)

A gama de valores de correção geoidal varia entre -0,86 m e 2,08 m, com um valor médio de 0,84 m para a região. É de notar que ao longo da zona costeira da barragem de Charvak, devido à falta de "pontos comuns", não foi possível construir a superfície de correção.

2.3 Investigação da exatidão vertical de modelos digitais de elevação utilizando GNSS

Existem vários tipos de DEMs que são utilizados para diferentes aplicações práticas. Um modelo digital de superfície (DSM) pode ser útil para modelação da paisagem, modelação urbana e aplicações de visualização. Um

modelo digital de terreno (DTM) é aplicável à modelação de inundações ou drenagem, estudos de utilização dos solos [82; pp. 459-470], aplicações geológicas e outras aplicações. Na maioria dos casos, o termo modelo digital de superfície representa a superfície da Terra e inclui todos os objectos nela existentes. Ao contrário de um DEM, um modelo digital de superfície representa a superfície nua da terra sem quaisquer objectos como plantas e edifícios [83; p. 210]. DEM é frequentemente utilizado como um termo genérico para DEMs e DEMs que representam apenas informação de elevação sem qualquer definição adicional de superfície. A maioria dos fornecedores de dados (USGS, ERSDAC, CGIAR, SPOT Image) utiliza o termo DEM como um termo genérico para modelos digitais. Todos os conjuntos de dados, quer sejam provenientes de satélites, aeronaves ou outras plataformas voadoras, são originalmente DEMs, como o SRTM ou o ASTER GDEM, embora em áreas florestais o SRTM penetre na copa das árvores, fornecendo informação algures entre um DEM e um DEM.
A qualidade da resolução espacial de um DEM é uma medida de exatidão, da exatidão da altura de cada pixel (exatidão absoluta) e da exatidão da representação da morfologia (exatidão relativa). Seguem-se alguns factores importantes que desempenham um papel importante na resolução espacial de um DEM:

1. Terreno acidentado
2. Densidade de amostragem
3. Resolução da grelha ou tamanho dos píxeis
4. Algoritmo de interpolação
5. Resolução vertical
6. Algoritmo de análise do terreno

Atualmente, os DEM disponíveis publicamente, como SRTM, ASTER e ALOS, têm uma cobertura quase global em áreas com dados de observação insuficientes e em áreas de difícil acesso. O âmbito de utilização desses dados depende da extensão geográfica da área de cobertura e, antes de os utilizar, o utilizador deve estar consciente do impacto dos erros (densidade de observação incompleta, imprecisão de posicionamento, erros de introdução de dados, tratamento de erros, problemas de classificação) do DEM na área de estudo [84; pp. 57-64].

A missão SRTM é um projeto conjunto da NASA e da NGA. Pares de imagens de radar interferométricas adquiridas em 2000 através de imagens da nave espacial reutilizável Shuttle. O objetivo deste projeto era adquirir dados topográficos digitais para 80% da superfície da Terra, exceto para as latitudes mais a norte (>60°) e mais a sul (>54°), com pontos de dados espaçados a 1 segundo de arco (aproximadamente 30 m) numa grelha de latitude/longitude. As imagens foram adquiridas com dois sensores de radar SIR-C e X-SAR. A precisão vertical absoluta dos dados é de 16 m.

Para o modelo SRTM foi utilizado um método designado por interferometria de radar. O método de interferometria de radar por satélite utiliza o efeito de interferência de ondas electromagnéticas e baseia-se no processamento matemático de várias medições coerentes de amplitude e fase da mesma área da superfície terrestre com um deslocamento no espaço da antena de radar recetora. As diferenças entre estas imagens permitem calcular a altura da superfície ou as suas alterações.

Os dados SRTM são úteis em aplicações que requerem uma forma e elevação precisas da superfície. Os dados também são aplicáveis em aplicações práticas como a prevenção de inundações, reflorestação, monitorização de vulcões, investigação de sismos e monitorização do movimento dos glaciares.

O ASTER GDEM, lançado em junho de 2009, foi gerado utilizando imagens de pares estéreo recolhidas pelo instrumento ASTER a bordo do satélite Terra. A área de cobertura do ASTER GDEM estende-se desde 83°S, cobrindo 99% da área terrestre. A precisão vertical dos dados é de 15-20 metros. O ASTER GDEM V2 melhorado acrescenta pares estéreo adicionais, melhorando a cobertura e reduzindo o aparecimento de artefactos. O algoritmo melhorado do produto proporciona uma melhor resolução espacial e uma maior precisão horizontal e vertical. O ASTER GDEM V2 suporta o formato GeoTIFF com uma resolução de 30 m [85; p. 10]. O par estéreo ASTER GDEM2 tem uma visão mais ampla no nadir quando se recolhem dados em terrenos íngremes e acidentados, o que o torna melhor em comparação com o SRTM30.

Em maio de 2016. A JAXA lançou o conjunto de dados do modelo digital de superfície global ALOS WORLD 3D (AW3D30) com uma resolução horizontal de aproximadamente 30 m (1 segundo de arco em latitude e longitude). Modelo Digital Global de Elevação e Imagens Renderizadas Ajustadas (ORI) criadas utilizando dados arquivados do sensor PRISM. O PRISM consiste em três radiómetros pancromáticos que transmitem imagens estéreo. A resolução espacial destas imagens é de 2,5 metros. A JAXA calibrou os resultados do PRISM com ajustamentos do sistema para melhorar a precisão absoluta e validar produtos de alto nível. A precisão vertical foi em média de 7 m. Conjunto de dados ALOS AW3D30 no sistema de coordenadas verticais elipsoidais WGS84. Este conjunto de dados foi convertido a partir da versão ortométrica utilizando o modelo geoide EGM96 disponível. A Tabela 2.1 resume as caraterísticas gerais de alguns DEMs globais.

Tabela 2.1.

Caraterísticas dos DEM globais

№	Modelo	Programadores	Acesso aos dados	Resolução externa (m)	Exatidão dos modelos
1	ALOS WORLD 3D 30	NTT DATA, RESTEC (Japão)	Numa base comercial	30	Precisão vertical - 7 m Precisão horizontal - 7 m
2	SRTM	NASA, NGA (EUA)	Disponível gratuitamente	30	Precisão vertical - 16 m Precisão horizontal - 20 m
3	ASTER GDEM	METI (Japão), NASA (EUA)	Disponível gratuitamente	30	Precisão vertical - 15-20 metros Precisão horizontal - 1520 m

Os seguintes DEM disponíveis publicamente são utilizados neste documento para estimar a exatidão vertical:

O SRTM30 v. 2.0 é um modelo digital de elevação (DEM) global que inclui uma combinação de dados da Shuttle Radar Topography Mission de fevereiro de 2000 e o conjunto de dados GTOPO30 do U.S. Geological Survey. Pode ser considerado como o conjunto de dados SRTM30 melhorado com o GTOPO30, ou como uma atualização do GTOPO30. Trata-se de um DEM com uma resolução de 1 segundo de arco (cerca de 30 metros), fornecido em mosaicos de 1°x1° pela National Aerospace Administration e pela National Geospatial-Intelligence Agency (NGA), com a participação das agências espaciais alemã e italiana. Para cada segmento de terreno, foram sistematicamente recolhidos dados interferométricos, pelo menos duas vezes, de diferentes ângulos (órbita ascendente e descendente) para preencher as áreas obscurecidas pela sombra do feixe de radar. O produto final, atualmente distribuído pela NASA/USGS, contém áreas de "ausência de dados" (vazios) onde a água ou a sombra densa interferem com a determinação da altitude. A precisão vertical média é superior a 10 m (LE90). Dois blocos de dados de elevação SRTM30 para a área de estudo foram descarregados do sítio Web httpshttps://www.usgs.gov/centers/eroswww.usgs.gov/centers/eros.

ASTER GDEM v.2 (ASTER GDEM2): um produto estereoscópico com uma resolução de 1 segundo de arco (30 m) foi criado a partir de 1.880.306 cenas de Nível 1A recolhidas entre 1 de março de 2000 e 30 de novembro de 2013. O ASTER GDEM2 foi criado através do empilhamento de todas as cenas DEM individuais com máscara de nuvens e cenas DEM sem máscara de nuvens, aplicando depois vários algoritmos para remover dados anómalos. O ASTER GDEM2 é distribuído em mosaicos de 1°x1°. A exatidão vertical é, em média, superior a 15-20 m (LE90). A razão para considerar este modelo é que o ASTER GDEM2 tem uma vantagem sobre o SRTM30 porque o seu par estéreo tem uma imagem mais nadir quando se recolhem dados em terrenos muito íngremes e montanhosos. Para este estudo, foram descarregados 2 mosaicos de dados de elevação ASTER GDEM2 do sítio Web httpshttps://asterweb.jpl.nasa.gov/gdem.aspasterweb.jpl.nasa.gov/gdem.asp.

ALOS World 3D (AW3D30): um DEM global com uma resolução horizontal de aproximadamente 30 metros (1 segundo de arco de latitude e longitude) foi criado a partir de dados de resolução de 5 metros e lançado em maio de 2016 pela Agência Japonesa de Exploração Espacial (JAXA). As informações arquivadas pelo Prismatic Stereomapping Instrument (PRISM) foram utilizadas para criar o DEM e a imagem ortoverticalmente rectificada (ORI). O PRISM consistia em três radiómetros pancromáticos que capturavam imagens estéreo ao longo de uma pista. Tinha uma resolução espacial de 2,5 metros no radiómetro nadir e fornecia cobertura de toda a superfície da Terra, o que o tornava um candidato adequado para DEM e ORI globais precisos. Nos últimos 10 anos, a JAXA tem estado a calibrar o sistema, ajustando os resultados padrão do PRISM com o objetivo final de melhorar a precisão absoluta e validar produtos de alto nível. A exatidão vertical é, em média, superior a 7 m (LE90). Esta é uma versão não normalizada do conjunto de dados ALOS AW3D30 fornecido no datum vertical WGS84. Este conjunto de dados foi convertido a partir da versão ortométrica utilizando o modelo geoide EGM96 disponível. Para este estudo, foram descarregados dados de 2 níveis do sítio Web https: //www.www.eorc.jaxa.jp/AL.jaxa.jp/AL O S/en/aw3d30/index. htm.

O tratamento posterior dos dados foi efectuado utilizando o software ArcGIS versão 10.6.1 e Surfer versão 16. Após a conclusão da etapa de pré-processamento (modelação do geoide local, ver 2.2), foram obtidos valores de altura elipsoidal para cada modelo digital de elevação. As estatísticas para a gama de alturas, média e desvio padrão para as alturas SRTM30, ASTER GDEM2, ALOS AW3D30 e GNSS são apresentadas na Tabela 2.2.

Tabela 2.2.

Estatísticas dos valores de elevação do DEM para a área de estudo

	Mínimo, m	Máximo, m	Cf. valor, m	RMS, m	Equação de correlação entre GNSS e DEM	Coeficiente de correlação. R^2
GNSS	314,07	1912,84	666,55	16,33	-	-
SRTM30	304,63	1909,45	660,52	16,35	y=1,0018x-7,2123	0,9998
ASTER GDEM2	308,54	1906,20	661,30	16,30	y=0,9968x-3,1469	0,9998
ALOS AW3D30	306,07	1903,45	660,07	16,27	y=0,9956x-3,5438	0,9998

Os valores globais de elevação variam entre 304 m e 1909 m, com um desvio padrão de cerca de 16,3 m. Foi também calculada a correlação linear entre os valores de altura elipsoidal medidos por GNSS e os valores obtidos a partir do DEM para cada modelo. ^{2}O coeficiente de correlação R foi considerado elevado - 0,99 em todos os casos, e não mostrou diferenças significativas entre os três modelos DEM e os dados de altura GNSS.

A diferença entre os valores das alturas elipsoidais calculadas a partir do DEM e do GNSS (inconsistências) resultará num erro para cada ponto e pode ser utilizada para uma avaliação mais detalhada das caraterísticas dos modelos digitais de elevação. A Figura 2.3 (a-c) mostra as superfícies resultantes construídas utilizando o método da Vizinhança Natural para o GNSS - SRTM30, GNSS-ASTER GDEM2 e GNSS-ALOS AW3D30 [28; pp. 29-33].

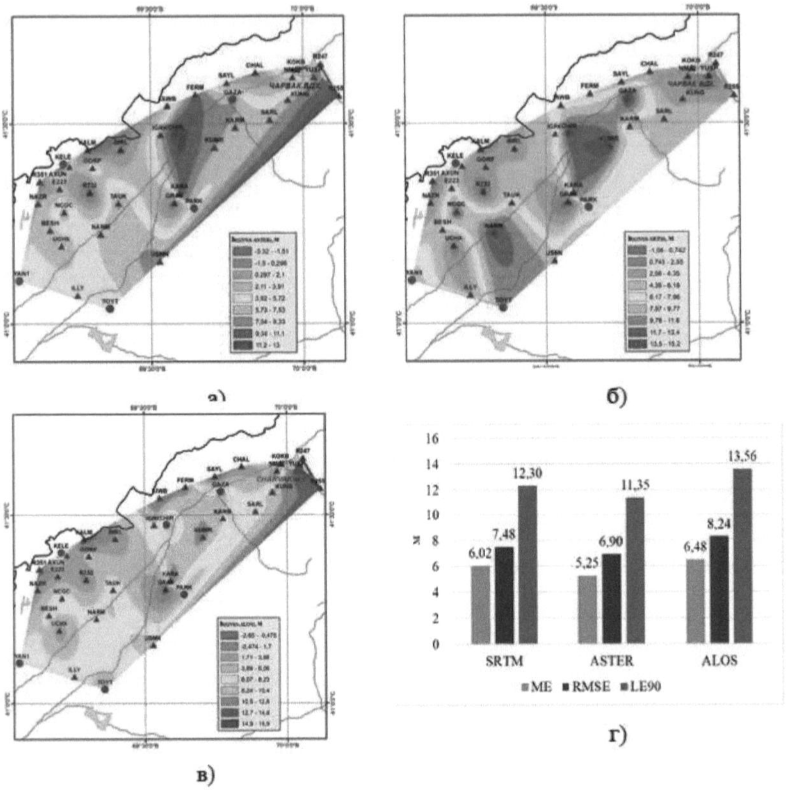

Figura 2.3. Diferença entre a distribuição das alturas elipsoidais obtidas por GNSS e DEM: a) SRTM30, b) ASTER GDEM2, c) ALOS AW3D30, d) Estatísticas comparativas de DEM

As diferenças nos valores de elevação foram de -1,06 m a 15,2 m, -3,32 m a 13 m, e -2,65 m a 16,9 m para SRTM30, ASTER GDEM2, e ALOS AW3D30, respetivamente. Note-se que as diferenças para todas as estações estão dentro de 3o (ou RMSE). A exatidão vertical absoluta com um erro linear provável de 90% (LE90) foi calculada a partir do RMSE e do ME. O RMSE caracteriza a diferença entre o valor *ZMODEL* modelado E OS valores de referência (no nosso caso, *ZGNSS*)- ME DÁ a diferença entre o valor *ZMODEL* simulado e os valores de referência.

Z_{GNSS})- ME dá uma estimativa do desvio do modelo de referência. A exatidão vertical absoluta do LE90 pode ser estimada a partir do RMSE. A exatidão foi estimada utilizando as equações [71; pp. 205-217]:

$$RMSE = \sqrt{\frac{1}{n}\sum_{i=1}^{n}(Z_{GPS} - Z_{MODEL})^2} \quad (2.7)$$

$$ME = \frac{1}{n}\sum_{i=1}^{n}(Z_{GPS} - Z_{MODEL}) \quad (2.8)$$

$$LE90 = RMSE * 1.6449 \quad (2.9)$$

Por conseguinte, a melhor precisão vertical dos três DEM corresponde à sua resolução. No caso do SRTM30 e do ASTER GDEM2, o RMSE é comparativamente mais elevado do que o do ALOS AW3D30. Verifica-se que o ASTER GDEM2 apresentou o valor mais baixo de RMSE de 6,90 m com um valor ME de 5,25 m (Fig. 2.3d). Verifica-se que os DEMs SRTM30 e ASTER GDEM2 apresentaram uma elevada precisão vertical absoluta de 12,30 m e 6,90 m, respetivamente. O ASTER GDEM2 tem um elevado desempenho na alteração dos parâmetros estatísticos, em comparação com outros DEMs. Embora o parâmetro de deslocamento ME seja quase o mesmo para os DEMs SRTM30 e ASTER GDEM2, de acordo com a avaliação da exatidão vertical absoluta do DEM ASTER GDEM2, este dá uma estimativa mais precisa do relevo da região (LE90 = 11,35 m). Por conseguinte, pode dizer-se que o ASTER GDEM2 é o DEM ótimo para a área de estudo. Embora os três modelos de elevação utilizados sobrestimem as verdadeiras marcas de elevação, verifica-se que a média e o desvio padrão da diferença de elevação do DEM ALOS AW3D30 são inferiores aos dos DEM SRTM30 e ASTER GDEM2. Com base nisto, nesta fase de avaliação da exatidão vertical, pode concluir-se, a título provisório, que os DEM SRTM30 e ASTER GDEM2 podem ser utilizados para estudos posteriores de deformação nesta região.

Para avaliar a exatidão do modelo geoide local, foi analisada a diferença entre as alturas elipsoidais por DEM e GNSS para cada ponto, para partes separadas do território TGP. A área de estudo foi condicionalmente dividida em 4 grupos principais. A primeira parte da região está localizada na parte costeira da albufeira de Charvak, com as estações KOKB, NM12, YUSP, CHAL, KUNG, R247, R255, SAYL, FERM nas proximidades. A segunda e a terceira partes da região estão separadas pelo rio Chirchik que corre entre elas e são a seguir convencionalmente designadas por zona norte (IGRK, KALM,

NAZR, NCGC, R351, R732, TAUK, TAWB, UCHX) e zona sul (ILLY, GRAV, KARA, KARM, KUNG, KUMR, NARM, SARL, USMN). Por fim, o último grupo de estações constituído por 6 pontos GNSS/nivelamento (CHIR, GAZA, KELE, TOYT, PARK, YAN1) da rede GHS (Fig.2.4).

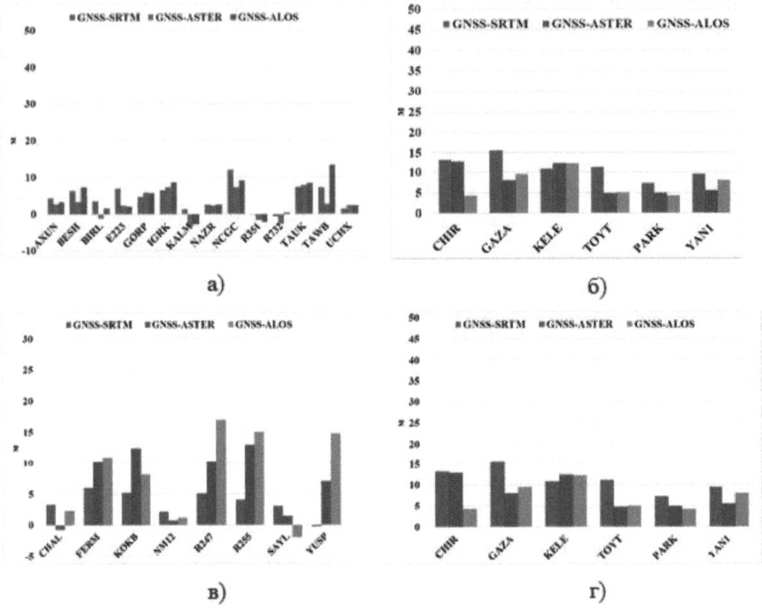

a) parte norte; b) parte sul; c) zona costeira da albufeira de Charvak; d) pontos GNSS/nivelamento

Figura 2.4. Diferença de altura entre o DEM e o GNSS

Para a zona costeira da albufeira de Charvak, os valores máximos de diferença de altura iguais a 13,01 m e 17,01 m foram obtidos para os DEMs ASTER GDEM2 e ALOS AW3D30, respetivamente (Fig. 2.4 c). Isto pode ser claramente observado nas estações R247, R255, YUSP, localizadas na parte leste do reservatório.

A rede GHS está localizada principalmente na parte central da área de estudo, pelo que a superfície geoide tem de ser refinada em estudos subsequentes. Em geral, os resultados mostraram que os DEM disponíveis publicamente são bastante satisfatórios para estudos geodésicos e hidrológicos da região. Ao mesmo tempo, é de notar que os desvios-padrão das alturas foram piores para o ALOS AW3D30 em comparação com o SRTM30 e o ASTER GDEM2. Verifica-se que a exatidão do DEM ASTER GDEM2 é melhor do que a do SRTM30 ALOS AW3D30. O ASTER GDEM2 DEM apresentou os menores erros RMSE de 6,90 m com ME de 5,25 m. Isto deve-se ao facto de o ASTER

GDEM2 ter vantagens sobre o SRTM30 porque o seu par estéreo tem uma visão ampla no nadir ao recolher dados em terrenos montanhosos e acidentados específicos da nossa área de estudo [86].

Conclusões do segundo capítulo

Este capítulo da monografia apresentou os resultados de uma investigação experimental destinada a utilizar medições GNSS para estimar as deformações actuais da superfície terrestre e para melhorar a avaliação da precisão vertical do Modelo Digital de Elevação (DEM). A taxa de deformação da região e o estado de tensão-deformação foram estimados utilizando o método dos elementos finitos.

O modelo geoide EGM96 aplicado nos DEM SRTM30, ASTER GDEM2 e ALOS AW3D30 foi refinado utilizando "pontos comuns" da rede geodésica de satélites. No entanto, é de notar que a falta de dados na área da barragem de Charvak afecta a precisão do DEM nesta área.

A análise dos resultados mostrou que os DEMs de fonte aberta são adequados para estudos geodésicos e hidrológicos no TGP. O ASTER GDEM2 mostrou uma melhor exatidão em comparação com o SRTM30 e o ALOS AW3D30, o que se deve à ampla visão do par estéreo em terreno íngreme e acidentado típico do TGP.

CAPÍTULO III

ANÁLISE DOS LINEAMENTOS DAS ESTRUTURAS TECTÓNICAS

3.1 Introdução à análise de lineamentos e ao seu papel na investigação tectónica

De acordo com a teoria proposta no início do século passado por W. Hobbs, como resultado do estado de tensão de um bloco litosférico, pode surgir uma estrutura de fracturas ortogonais, que se manifestam como uma rede de elementos topográficos rectos ou quase rectos de extensão regional de elementos na superfície da Terra - lineamentos [87; pp. 493-502]. Já as primeiras imagens do satélite Landsat, na década de 70 do século passado, permitiram o seu mapeamento e lançaram as bases da "tectónica fundamental dos lineamentos" [88; p. 16-17]. [88; pp. 16-17, 89; pp. 1-10]. Apesar de, no início, a análise de lineamentos ter sido utilizada apenas para resolver problemas práticos, como a localização de depósitos minerais [90; p. 3041], uma direção separada para a análise de processos tectónicos sísmicos começou a desenvolver-se ao mesmo tempo [91; p. 749-767].

Determinar onde e com que rapidez a deformação se acumula é um requisito fundamental para melhorar a avaliação da deformação tectónica e, em combinação com a cartografia geomorfológica de falhas, permite uma melhor identificação das estruturas activas. As questões-chave na análise de lineamentos são, em primeiro lugar, determinar se eles formam realmente uma rede globalmente uniforme de fracturas mais ou menos ortogonais e, em segundo lugar, se são fracturas de tração ou de compressão.

Regra geral, os lineamentos são inomogeneidades lineares ou em forma de arco da crosta terrestre e da litosfera de diferentes graus, extensão, profundidade e idade de implantação, que se manifestam na superfície da Terra diretamente (sob a forma de falhas) ou indiretamente - por anomalias geológicas e paisagísticas [92; p. 1-424]. É feita uma distinção entre estruturas de lineamentos geológicos, geomorfológicos ou topográficos, artificiais ou não geológicos [92; p. 1-424, 93; p. 1-288]. As caraterísticas lineares da superfície terrestre causadas pela atividade tectónica, representando falhas, fracturas ou limites litológicos, são denominadas lineamentos geológicos. Os lineamentos topográficos são linhas causadas por processos geomorfológicos, tais como sistemas de drenagem e cadeias de montanhas. As caraterísticas pseudo-artificiais são as estradas, os caminhosde-ferro e os limites dos campos de cultivo [94].

Em regra, os lineamentos nas imagens de satélite são limites entre diferentes complexos naturais-territoriais, manifestados como anomalias lineares tonais (ou coloridas) com diferentes larguras e severidades. Além disso, as formações complexas de lineamentos são fortemente "esbatidas". Existem também sistemas de lineamentos subparalelos curtos e próximos e cinturas de lineamentos significativamente largas (até várias centenas de quilómetros), que são interpretadas em imagens de baixa resolução espacial. Por conseguinte, os métodos tradicionais de extração de estruturas de lineamentos são trabalhosos e, por vezes, praticamente impossíveis devido a limitações físicas e geográficas. Até à data, os métodos de deteção remota (SR) têm provado a sua eficácia na resolução deste problema e têm encontrado aplicação prática em vários domínios [95; pp. 83-89, 96; pp. 137-142]. O grau de manifestação dos lineamentos nas imagens de satélite depende do estado de tensão-deformação da crosta terrestre, que por sua vez determina a expressão das estruturas nas propriedades físicas e químicas da superfície da Terra. Isto deve-se a alterações na temperatura da superfície, na humidade do solo e noutras propriedades do solo e das rochas, bem como na cobertura vegetal [97; p. 177-183]. Para investigar falhas activas, os resultados mais fiáveis são obtidos através de medições ópticas e de radar. Os métodos utilizados para analisar estruturas de lineamentos podem ser divididos nos seguintes: manual, semi-automático e automatizado.

O método manual ou visual é realizado com base no envolvimento de procedimentos para melhorar a qualidade da imagem (filtro direcional, alteração do contraste da imagem, aplicação de filtros lineares e não lineares, utilização de caraterísticas da imagem multiespectral). Por exemplo, E.A.Ali et al. (2012) identificaram visualmente estruturas de lineamentos a partir de dados do satélite Landsat ETM+7 para reconhecer caraterísticas litológicas e estruturais no centro-norte do Sudão. A filtragem e a transformação da saturação da intensidade da tonalidade (IHS) para melhorar as caraterísticas espectrais e espaciais forneceram estruturas de lineamentos regionais para a geração de mapas geológicos [95; pp. 83-89]. F. Al-Nahmi et al, (2016) efectuaram o mapeamento de lineamentos utilizando imagens Landsat 8. A cada canal espetral foi atribuído um objetivo específico, por exemplo, o canal espetral 7 é mais aplicável para distinguir depósitos geológicos, o canal espetral 5 para distinguir solos de rochas e o canal espetral 3 para distinguir solo de vegetação. A redução do ruído (MNF) foi conseguida utilizando uma combinação dos canais 4-6 e a composição cromática (RGB) da imagem de

satélite 7, 5, 3. O método dos componentes principais (PCA) foi aplicado à combinação dos canais 4, 5, 7 e ao rácio de bandas 7/5, 6/4, 4/2. Foram também utilizados filtros direcionais. Esta abordagem de processamento de dados de satélite permitiu explicar a estrutura geológica estrutural e tectónica da área investigada [96; p. 137-142].
O método semi-automático de extração de estruturas de lineamentos baseia-se na análise de imagens utilizando algoritmos de processamento informático e interpretação visual. As etapas de processamento consistem na melhoria da visibilidade da imagem, na classificação baseada em objectos de referência, na segmentação, na transformada de Hough e na PCA. Mallast U. et al, (2011) com um método semi-automático de extração de lineamentos utilizando filtragem linear e classificação de objectos a partir de dados DEM, realizaram um estudo de contornos de lineamentos na área do Mar Negro de Israel.
Os autores utilizaram um filtro matricial e um filtro direcional para melhorar a visibilidade dos objectos lineares. Utilizaram também um classificador orientado para objectos com segmentação e vectorização. E, na etapa final, foi aplicado o algoritmo automatizado Canny [98; pp. 2665-2678]. Alshayef (2017) propôs o seguinte procedimento utilizando imagens Landsat-7 ETM+ por método semiautomático: correlação entre canais (Decorrelation Stretching), Edge Enhancement, PCA. Os resultados do estudo confirmaram a possibilidade não só de determinar estruturas de lineamentos, mas também de avaliar a estrutura estrutural da superfície do território.
Hermi S.O. et al., (2017) propuseram um método para extrair estruturas de lineamentos a partir de dados do satélite Landsat 7, incluindo 5 etapas: melhoria da imagem utilizando a técnica de equalização de histogramas, utilização do filtro Sobel, segmentação de histogramas, geração de imagens binárias e análise PCA. A aplicação deste método ajudou a identificar várias falhas grandes na área de estudo, a determinar os diferentes estados morfológicos dos lineamentos e a identificar a influência do movimento tectónico sobre eles [99; p. 440-455].
O processamento automático utilizando sistemas especiais de software inclui a melhoria da imagem, a filtragem, a deteção de bordos e a extração de lineamentos. Até à data, foram desenvolvidos vários algoritmos para a extração automática de estruturas de lineamentos. Estes incluem a transformada de Hough, LESSA, LEFA, TecLines, etc. Os algoritmos para a extração automática de estruturas de lineamentos têm em conta o ruído, o limiar, o tamanho e a orientação das estruturas de lineamentos. Os resultados

são apresentados em formato vetorial e os lineamentos são agora entendidos como zonas lineares de mudanças bruscas de valores (gradientes) e eixos de anomalias lineares do campo processado, independentemente da sua origem. A formalização das transformações (filtragem, análise automática dos lineamentos, classificação) e a seleção dos lineamentos são efectuadas em função das caraterísticas do campo de brilho espetral. Em particular, quando se analisam sistemas de gradientes espectrais de brilho por "zonas de perda de correlação", os lineamentos transversais ao gradiente geral são claramente identificados; os aglomerados de gradientes da mesma direção podem corresponder a zonas de falhas. Os resultados do processamento são apresentados sob a forma de mapas em isolinhas, o que facilita a sua perceção e posterior análise.

Um dos métodos promissores para monitorizar territórios tectonicamente activos é a análise operacional da geodinâmica através do registo da variabilidade dos sistemas de lineamentos identificados em imagens espaciais [100; p. 692]. Numa série de trabalhos publicados, a análise de lineamentos foi utilizada para estudar padrões de falhas activas em áreas montanhosas de difícil acesso, para explorar depósitos minerais e para analisar recursos hídricos [101; p. 197-206, 102; p. 44-48, 103]. Os métodos espaciais são altamente informativos, em particular, quando se trata de avaliar o estado do ambiente geodinâmico nas áreas de reservatórios artificiais [104; p. 75]. As áreas com elevada densidade de lineamentos são inadequadas para a construção de barragens e reservatórios, uma vez que existe uma elevada probabilidade de fuga de água, colapso dos taludes das barragens, e a taxa de sedimentação será maior [105; p. 81-103].

As fontes de sismos estão localizadas em zonas de movimentos tectónicos intensos e recentes da crosta terrestre, e o mapeamento preciso das caraterísticas geológicas é uma tarefa importante para a compreensão do seu mecanismo. As fontes de sismos estão diretamente relacionadas com elementos estruturais lineares da crosta terrestre [106; p. 1-326]. Nos últimos anos, as técnicas de deteção remota têm demonstrado um grande potencial para o mapeamento de alterações nas caraterísticas geológicas em grande escala [107; pp. 1501-1507, 108; pp. 476-480, 109; pp. 36-47]. O método manual de extração de lineamentos é uma abordagem clássica baseada na experiência e no conhecimento, mas é ineficiente em termos de tempo e de mão de obra. Foram desenvolvidos algoritmos automáticos e semi-automáticos (algoritmo de seguimento de segmentos, transformada de Hough, PCI LINE, LEFA) para melhorar a eficiência. As abordagens semiautomáticas e automáticas baseiam-se em filtros espaciais lineares e não lineares, na deteção de bordos ou num sistema de reconhecimento [110; pp. 2665-2678]. Os lineamentos detectados no processamento automático de dados de deteção remota têm diferentes naturezas físicas. Por exemplo, os lineamentos mais dinâmicos podem refletir zonas de compressão e alongamento da crosta terrestre [1131 pp. 47-56]. A análise das caraterísticas estatísticas dos lineamentos (comprimento, densidade e direção) é utilizada para construir séries temporais da dinâmica dos lineamentos para a monitorização do risco sísmico [112; pp. 45-53]. O estudo das ondas de deformação em diferentes intervalos de tempo (antes, durante e depois do sismo) mostrou que a mudança das estruturas dos lineamentos começa 2-3 meses antes dos sismos, atinge um máximo cerca de 20 dias antes do sismo e termina 20 dias depois do sismo. Além disso, as estruturas de lineamento e os seus campos de tensão retornam ao seu estado original 2-3 meses após os terramotos [113; p. 3-20]. Os factores mais importantes que afectam o nível do sismo no local do choque são a magnitude, a distância ao epicentro do sismo e a influência da localização [114; p. 677]. Muitos estudos têm-se concentrado em estudos de deformação da terra utilizando dados de satélite para determinar a localização e a magnitude dos deslocamentos sísmicos de superfície, a maioria destes sismos foram considerados com magnitude Mw maior ou igual a 5,0 [115; pp. 1-26,116; pp. 1-14, 117; pp. 600-619, 118; pp. 1283-1291].

As principais causas dos sismos são processos naturais (tectónicos, vulcânicos) e processos artificiais (operações mineiras, enchimento de reservatórios) [119; p. 54]. Dependendo da sua dimensão e localização, um sismo pode causar fenómenos físicos sob a forma de abalos na Terra, o aparecimento de falhas na superfície da Terra e, em algumas zonas costeiras, tsunamis. A área no interior da Terra onde se formam as falhas e ocorrem as ondas sísmicas é designada por fonte do sismo. O abalo sísmico principal é precedido por tremores preliminares mais fracos, designados por pré-choques. Os terramotos mais pequenos, os tremores secundários, podem seguir-se ao choque principal, por vezes horas, meses ou mesmo anos mais tarde [119; p. 60]. Quatro tipos diferentes de ondas propagam-se através e na superfície da Terra a velocidades diferentes, atingem um local em alturas diferentes e causam vibrações de formas diferentes. A primeira onda a atingir a superfície é a onda de compressão ou onda P sísmica longitudinal primária. As mais destrutivas são as ondas transversais, ondas S, que se propagam perto da superfície da Terra e fazem com que a Terra se mova perpendicularmente à direção da onda e que as estruturas na sua superfície oscilem de um lado para o outro. O terceiro e quarto tipos de ondas são ondas de superfície lentas e de baixa frequência, normalmente detectadas a grandes distâncias do epicentro, que provocam a oscilação de edifícios e a formação de ondas em massas de água [120; p. 8].

Os dados RS começaram a ser utilizados para a investigação de sismos a partir dos anos 70 com as primeiras imagens de satélite. Foram efectuados principalmente estudos estruturais-geológicos e geomorfológicos. Foram produzidos mapas de falhas e estruturas activas. A desvantagem dos métodos utilizados era a análise incompleta das séries temporais, que não permitia medir os processos a curto prazo antes e depois dos sismos. Os métodos modernos podem analisar as falhas activas utilizando filtragem. Os estudos sísmicos que utilizam a teledeteção indicam vários fenómenos relacionados com os processos sísmicos, como a deformação da superfície terrestre, a temperatura e a humidade da superfície, o teor de gás e de aerossóis. Os tremores secundários registam deformações horizontais e verticais que variam entre dezenas de centímetros e metros. Essas deformações são registadas por métodos de radar InSAR [121; pp. 38-44]. As deformações anteriores ao terramoto são bastante pequenas, da ordem dos centímetros. Há numerosas observações de temperaturas superficiais e próximas da superfície, que aumentam de 3-5°C antes dos terramotos. Estão a ser desenvolvidos métodos de previsão de sismos utilizando sondagens por infravermelhos térmicos (TIR). $_{34222}$Os métodos de satélite permitem medir as concentrações de gases na atmosfera: O , CH , CO , CO, H S, SO , HCl e aerossóis [122; pp. 33-38].

As fontes de terramotos estão localizadas em zonas de movimentos tectónicos recentes da crosta terrestre e o mapeamento preciso das caraterísticas geológicas é uma tarefa importante para a compreensão do mecanismo dos terramotos. A nível mundial, tem sido dada especial atenção ao estudo dos precursores de sismos. O desenvolvimento de métodos de monitorização e previsão do risco sísmico é crucial para prevenir e reduzir o número de mortes e danos causados por sismos fortes. Muitos cientistas investigaram a relação de um terramoto iminente com mudanças no lençol freático [123; pp. 21-60], mudanças na aceleração de ondas sísmicas por campos electromagnéticos [124; pp. 1465-1468], movimento da crosta terrestre [125; pp. 115-121], libertação de radão e hidrogénio [126; pp. 765-780, 127; pp. 61-63], mudanças em larga escala na temperatura do solo [128], e mudanças na concentração de iões na ionosfera [129]. Alguns precursores podem ser reconhecidos pelo comportamento anómalo de vários campos geofísicos, incluindo a dinâmica dos lineamentos [130; pp. 561-567, 131; pp. 295-328]. Em regra, os lineamentos formam uma rede bem definida com várias direcções dominantes. Os lineamentos são subdivididos em transcontinentais, inter-regionais, regionais e locais.

Arellano et al. (2007) descobriram a influência dos terramotos no aparecimento de sistemas de lineamentos. Um número significativo de lineamentos aparece quase um mês antes de um grande terramoto, e depois o número de lineamentos diminui um mês após o terramoto. Esta caraterística foi encontrada na análise de 6 grandes terramotos com magnitudes variando de 5.2 a 7.8 na América do Sul e na China [132]. Singh V.P. e Singh R.P. (2005) utilizaram a análise de lineamentos para estudar a mudança na estrutura de tensão em torno do epicentro do terramoto de Bhuj (Índia) com Mw=7.6. O estudo utilizou dados do satélite indiano LISS (IRS-1D). As estruturas dos lineamentos foram extraídas das imagens utilizando filtros. Os resultados confirmaram que os lineamentos obtidos durante 22 dias após o terramoto são diferentes dos obtidos 3 dias após o terramoto. Supõe-se que estejam associados a fracturas e falhas, e a sua orientação e densidade fornecem informações sobre as caraterísticas das rochas. O resultado mais importante é o elevado nível de correlação entre a tensão de compressão horizontal máxima contínua obtida a partir de lineamentos e os mecanismos de origem do terramoto [133].

O processamento de imagens com extração de estruturas de lineamentos utilizando vários algoritmos foi realizado em [134; pp. 138-143, 135; pp. 5938-5958, 136; pp. 1121-1126]. A dinâmica da crosta a dezenas de quilómetros de profundidade, reflectida à superfície, tem sido investigada. Os fenómenos mais profundos estendem-se por grandes áreas e requerem imagens com baixa resolução espacial de 10-30 m para deteção. Estes algoritmos não podem isolar fracturas individuais, mas podem integrar informações sobre falhas ao longo de dezenas de quilómetros e seguir as alterações devidas à acumulação ou enfraquecimento da força devido ao movimento das placas tectónicas.

3.2 Mapeamento de lineamentos e sua interpretação estrutural : o exemplo da área do reservatório de Charvak

O estudo utilizou imagens ópticas do satélite americano Landsat 8, uma colaboração entre a NASA e o USGS. Lançado em 11 de fevereiro de 2013 a partir da Base Aérea de Vandenberg, na Califórnia, num Atlas-V 401, o satélite encontra-se numa órbita circumpolar, sincronizada com o Sol, com uma altitude de 705 km, um ângulo de inclinação de 98,20° e um período de rotação de 99 minutos. O equipamento a bordo inclui os instrumentos OLI e TIRS. O OLI recolhe dados nas bandas espectrais do visível, do infravermelho e do infravermelho de ondas curtas com resoluções espaciais de 30 e 15 metros. O TIRS recolhe dados na região do espetro térmico com uma resolução de 100 m. (Quadro 3.1).

Tabela 3.1.

Caraterísticas dos canais espectrais do Landsat 8

Número do canal espetral	**Comprimento de onda (μm)**	**(Resolução espacial m)**	**Alcance da cobertura do inquérito (km)**	**Autorização temporária de um território (dia)**
Canal 1 - Litoral / Aerossol (Litoral / Aerossol)	0,43-0,45	30	185	16
Canal 2 - Azul	0,45-0,51	30		
Canal 3 - Verde	0,53-0,59	30		
Canal 4 - Vermelho	0,64-0,67	30		
Canal 5 - NIR (infravermelhos próximos)	0,85-0,88	30		
Canal 6 - SWIR 1 (infravermelhos próximos de onda curta)	1,57-1,65	30		
Canal 7 - SWIR 2 (infravermelhos próximos de onda curta)	2,11-2,29	30		
Canal 8 - PAN (pancromático)	0,50-0,68	15		
Canal 9 - Cirrus SWIR.	1,36-1,38	30		

Canal 10 - Infravermelhos de comprimento de onda longo, TIR1 (infravermelhos distantes)	10,60-11,19	100		
Canal 11- Infravermelhos de comprimento de onda longo, TIR2 (infravermelhos longínquos)	11,5-12,51	100		

Os dados Landsat 8 estão disponíveis no sítio Web do USGS. O processamento de imagens foi efectuado utilizando ENVI, PCI Geomatica, LEFA, ArcGIS, RockWorks. O ENVI, desenvolvido pela ITT Visual Information Solutions, é uma solução líder de processamento de imagens geoespaciais com ferramentas espectrais avançadas, correção geométrica e análise SIG. Escrito em IDL, o ENVI proporciona flexibilidade no processamento de imagens [137]. O PCI Geomatica é um software para processamento de dados de teledeteção e fotogrametria, com ênfase no processamento rápido [138; pp. 1-169]. O LEFA em MATLAB efectua a análise de lineamentos e a interpretação de falhas tectónicas. O ArcGIS (ESRI) é utilizado em tarefas de informação geográfica [139]. O RockWorks é uma ferramenta para cartografia, modelação de secções, análise de dados, etc. [140].

Este capítulo destaca a metodologia e os resultados das análises das estruturas de lineamentos na vizinhança do reservatório de Charvak. A escolha desta zona para a análise das deformações deve-se aos movimentos tectónicos e às flutuações do nível da água. A seleção das imagens Landsat 8 baseia-se nos estados da barragem em março, junho, setembro e dezembro, abrangendo os momentos de máximo, mínimo e descida gradual do nível da água. Para o tratamento dos dados é utilizada uma metodologia de análise automatizada de lineamentos com recurso aos softwares ENVI, PCI Geomatica e ArcGIS. O processo inicia-se com a seleção dos dados em bruto para a extração das estruturas dos lineamentos, envolvendo a utilização de imagens multiespectrais, o alongamento do contraste e o melhoramento das imagens. É dada especial atenção ao método de análise de componentes principais (PCA) implementado com o software ENVI. A PCA melhora uma imagem multiespectral reduzindo a redundância de dados e alterando as dimensões espectrais. Este método gera componentes principais, fornecendo nova informação espetral, o que melhora significativamente a interpretabilidade dos dados na análise de lineamentos e deformações na área [141; p. 581]. Para obter clareza na representação da superfície terrestre, é fundamental considerar o parâmetro de desvio padrão. Este parâmetro reflecte o grau de desvio dos valores dos atributos do objeto em relação ao seu valor médio. A definição de um determinado valor do desvio padrão permite destacar os valores que estão acima ou abaixo da média, o que, por sua vez, proporciona uma representação eficaz e clara dos objectos na superfície. Esta abordagem permite realçar as principais caraterísticas e anomalias, o que constitui um aspeto importante da análise da geo-informação e da visualização dos dados da superfície terrestre.

Neste estudo, a técnica de análise de componentes principais (PCA) foi aplicada a sete canais espectrais do satélite Landsat 8 (canais 1, 2, 3, 4, 5, 7 e 8), enquanto as bandas térmicas (canal 6) foram excluídas da análise. Os resultados obtidos da PCA são visualizados na Figura 3.1. A análise de componentes efectuada indicou que as componentes dos canais seis, cinco e três foram as mais informativas em termos de identificação de estruturas geológicas, com um desvio padrão igual a 1,5. Este método permite destacar os aspectos-chave dos dados, revelando valores significativos para as investigações geológicas. A visualização das componentes principais com um determinado desvio padrão contribui para uma melhor compreensão da estrutura e dinâmica geológica na área de estudo. A extração de componentes de elevado desvio permite a identificação de anomalias e feições, o que é importante para a identificação de potenciais estruturas geológicas e áreas de interesse. Os resultados obtidos abrem novas perspectivas para a análise detalhada das caraterísticas geológicas da área de estudo, realçando a importância do método PCA na investigação geológica utilizando dados de satélite.

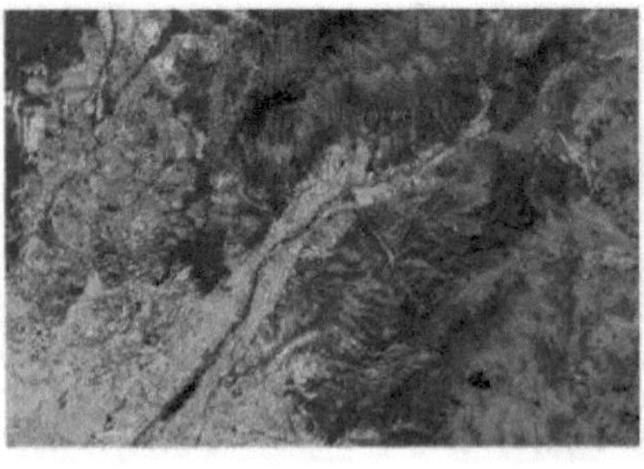

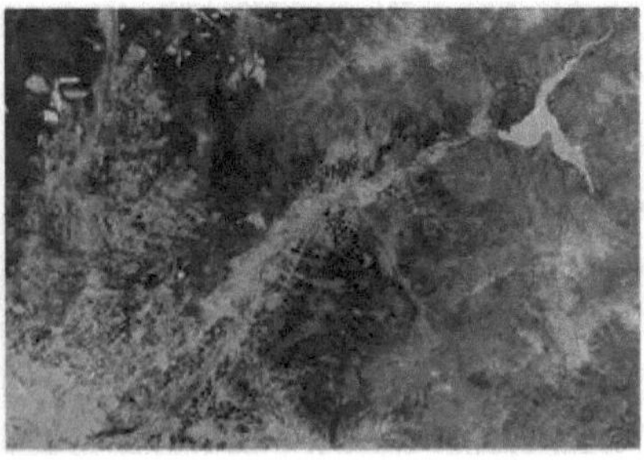

26 de março de 201830 de junho de 2018

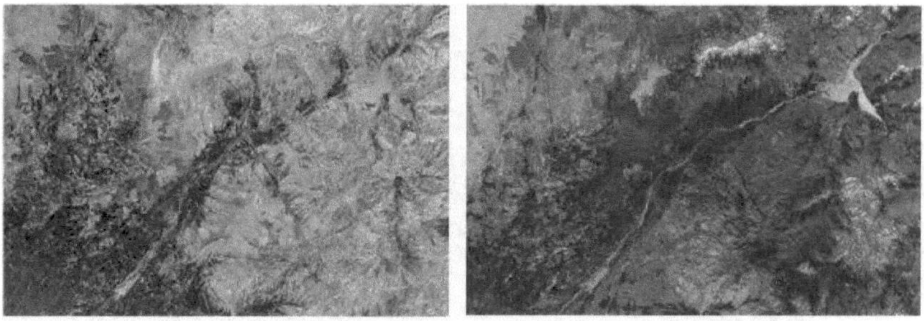

08 de setembro de 201813 de dezembro de 2018

Figura 3.1. Resultados da PCA

O módulo LINE do software PCI Geomatica [138; p. 84] foi utilizado para analisar as estruturas de lineamentos. O número e o comprimento das estruturas de lineamentos extraídas dependem dos valores dos parâmetros de entrada definidos no módulo LINE. As caraterísticas dos seis parâmetros do algoritmo LINE são apresentadas na Tabela 3.1. Após a etapa de extração das estruturas de lineamentos, procedeu-se à análise estatística, à construção de diagramas de rosas e à criação de mapas de densidade.

A análise estatística inclui a avaliação de várias caraterísticas dos lineamentos, tais como o seu número e comprimento, o que contribui para uma melhor compreensão da distribuição espacial das estruturas. Os diagramas a rosa são visualizações da direccionalidade dos lineamentos, o que ajuda a destacar as tendências dominantes na distribuição das estruturas lineares (Tabela 3.2).

Tabela 3.2.

Valores dos parâmetros do algoritmo LINE

№	Parâmetros	Unidade de medida	Gama de valores	Valores
1	RADI	Pixéis	0 - 8192	10
2	GTHR	-	0 - 255	50
3	FTHR	Pixéis	0 - 8192	30
4	LTHR	Pixéis	0 - 8192	3
5	ATHR	Graus	0 - 90	15
6	DTHR	Pixéis	0 - 8192	20

Um mapa de densidade de lineamentos criado com ferramentas de análise espacial no software ArcGIS fornece informações sobre a acumulação máxima de estruturas lineares por unidade de área [142; p. 1-7]. Este método de análise complementa o quadro geral da distribuição espacial das estruturas lineares, fornecendo informações adicionais sobre a sua densidade na área de estudo. Os lineamentos extraídos de imagens de satélite reflectem tanto os lineamentos geológicos (falhas e fracturas) como as estruturas hidrológicas (rios ou linhas costeiras) [143; p. 24]. Os resultados da extração automática de estruturas de lineamentos a partir de imagens PCA são apresentados na Figura 3.2.

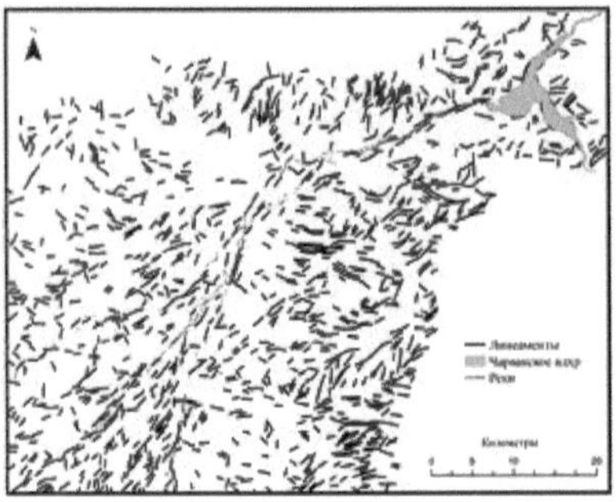

26 de março de 201830 de junho de 2018

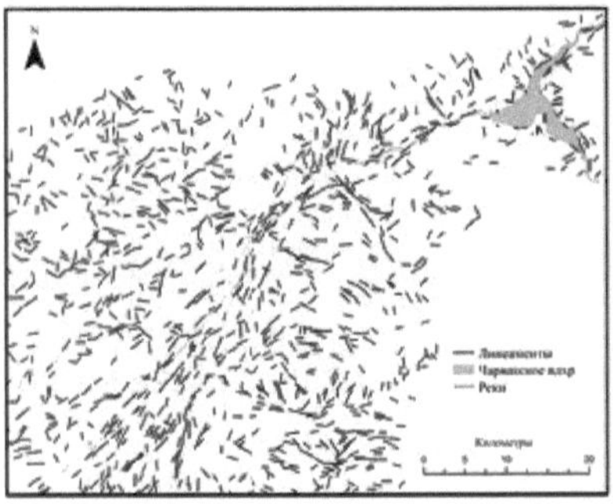

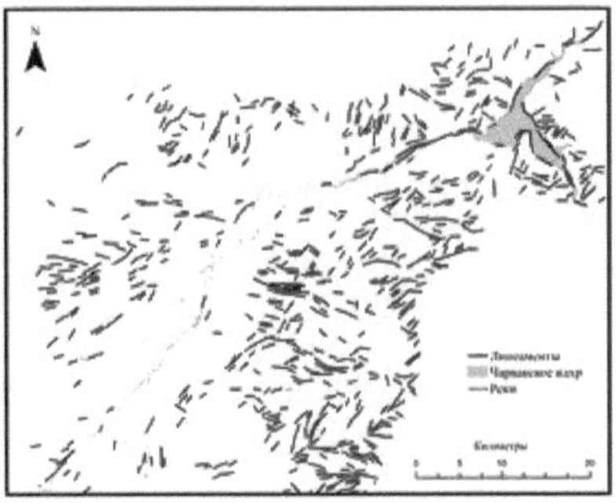

08 de setembro de 201813 de dezembro de 2018

Figura 3.2. Estruturas de lineamentos extraídas de imagens PCA

A análise estatística das estruturas dos lineamentos para o período de tempo selecionado é apresentada na Tabela 3.3.

Tabela 3.3.

Significado da análise estatística das estruturas de lineamentos através da análise de histogramas

	dezembro	março	junho	setembro
Número total de	2250	4946	4821	4977
Comprimento mínimo, m	30	42,4	30	60
Comprimento máximo, m	4031,2	3660,7	3606,2	4494,9

Montante, m	1952567,8	3919342,5	3694166,2	3665247,5
Desvio padrão, m	476,5	426,6	428,3	406,6

Foi revelado que em dezembro, durante a descida do nível da água na albufeira de Charvak, o número de lineamentos era mínimo e ascendia a 2250. Em março, junho e setembro, foi observado um elevado número de estruturas de lineamentos. Provavelmente, as flutuações do nível da água têm uma maior influência na formação de estruturas de lineamentos do que os períodos de enchimento e descarga da albufeira. A análise das estruturas de lineamentos em diferentes períodos de tempo revelou a sua direção principal, conforme apresentado na Figura 3.3.

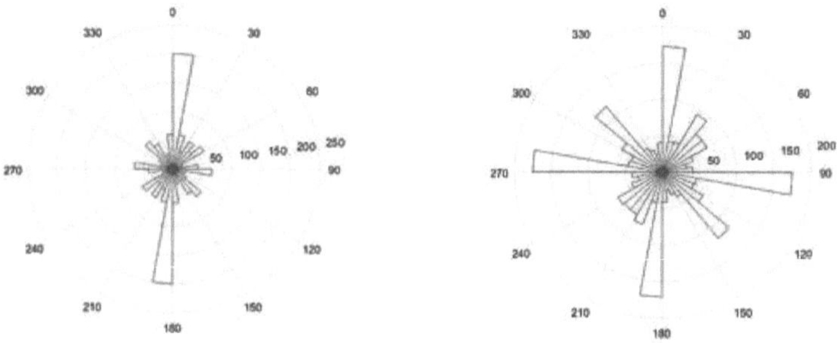

26 de março de 201830 de junho de 2018

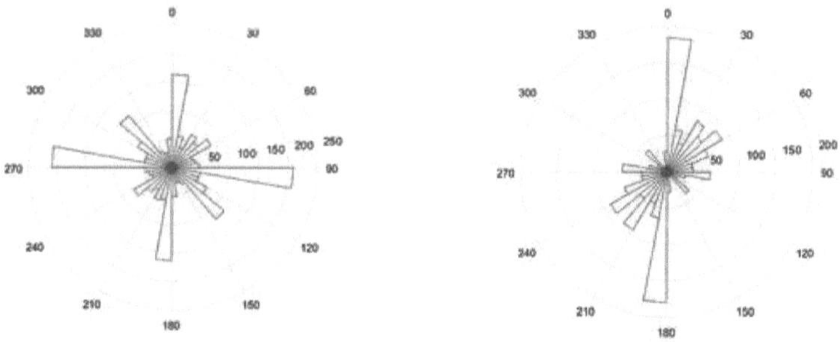

08 de setembro de 201813 de dezembro de 2018

Figura 3.3. Diagramas em rosa de estruturas de lineamentos

Os resultados da interpretação das estruturas dos lineamentos mostraram que a direção predominante em todos os períodos de tempo foi a direção norte-sul (NS). Para além da direção principal, foi também identificada uma direção secundária orientada para oeste-leste (WE) ao longo dos intervalos de tempo. A direção norte-sul das estruturas de lineamentos indica o movimento de falhas na região. É de notar que a direção oeste-leste é observada durante os períodos de níveis de água elevados na albufeira de Charvak (junho, setembro), e esta direção pode indicar alterações nos níveis de água. Os mapas de densidade de lineamentos das estruturas de lineamentos da área de estudo mostram as concentrações de lineamentos da albufeira de Charvak com mais pormenor (Fig. 3.4).

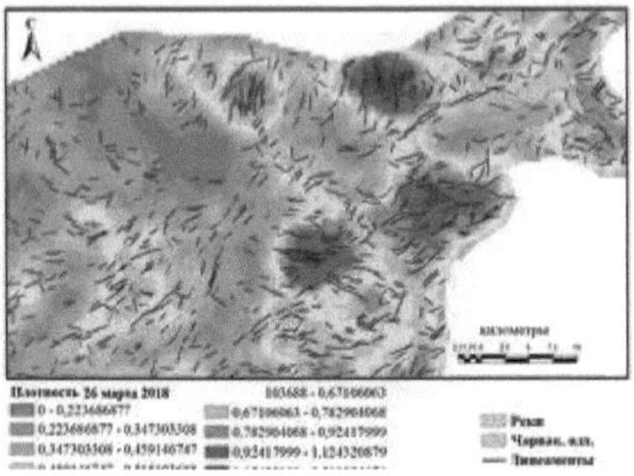
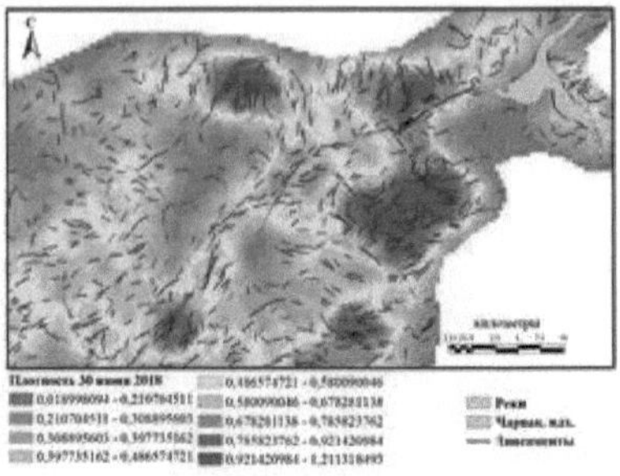

26 de março de 201830 de junho de 2018

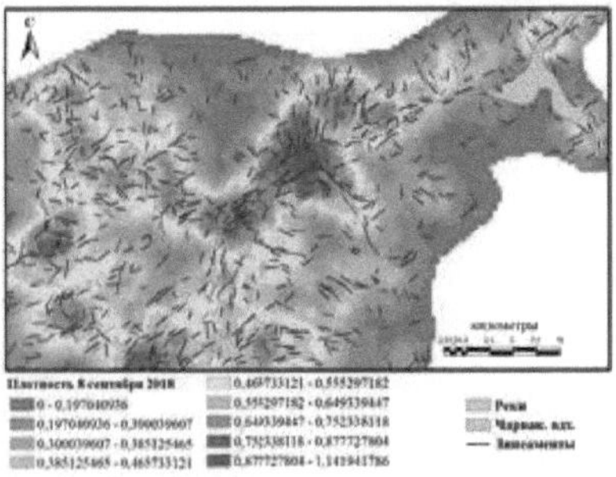
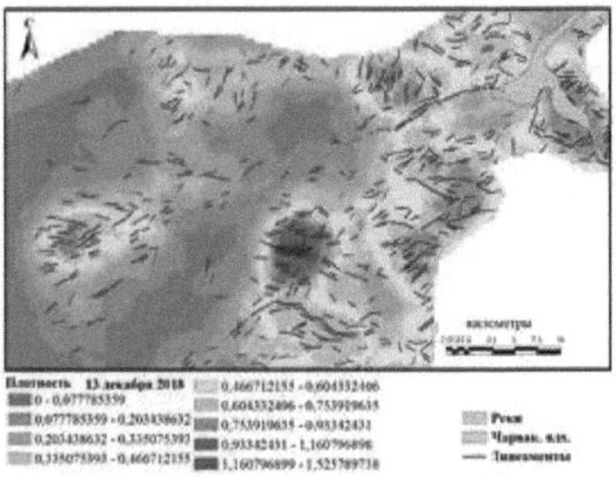

08 de setembro de 201813 de dezembro de 2018

Figura 3.4. Mapas de densidade de estruturas de lineamentos

Os mapas de densidade de estruturas de lineamentos obtidos mostram uma densidade predominantemente maior na parte sudeste da área de estudo. Na parte norte da região, a elevada concentração de estruturas de lineamentos no período inverno-primavera parece ser o resultado de abundantes processos sazonais, como a cobertura de neve e a precipitação. Os mapas de densidade de estruturas de lineamentos para junho e setembro podem refletir claramente falhas resultantes de flutuações do nível da água na albufeira de Charvak [144].

Conclusões do terceiro capítulo

Este capítulo da monografia apresenta em detalhe os resultados da investigação experimental sobre um método automatizado para a extração de estruturas de lineamentos na área do TGP. O método desenvolvido baseia-se numa abordagem multinível que inclui as seguintes etapas de processamento de imagem: construção da imagem por análise de componentes principais e extração de componentes independentes, bem como extração de estruturas de lineamentos utilizando o algoritmo LINE.

Os resultados da análise sazonal das estruturas de lineamentos permitem-nos fazer uma observação importante: o número mínimo de lineamentos foi registado em dezembro (2250) durante o período de libertação de água da barragem de Charvak. Em março, junho e setembro, verifica-se um aumento significativo do número de estruturas de lineamentos. Conclui-se que as flutuações do nível da água têm uma influência mais significativa na formação dos lineamentos do que os períodos de enchimento e de libertação da albufeira.

Os mapas de densidade das estruturas de lineamentos mostram uma concentração predominantemente maior na parte sudeste da área de estudo. Na parte norte da região, verifica-se uma elevada densidade de lineamentos no período inverno-primavera, o que está provavelmente relacionado com processos sazonais intensos, como a cobertura de neve e a precipitação. Os mapas de densidade de lineamentos para junho e setembro reflectem claramente as falhas resultantes das flutuações do nível da água na albufeira de Charvak.

CAPÍTULO IV

OS LINEAMENTOS COMO UM DOS PRECURSORES DOS TERRAMOTOS

4.1 Estruturas de lineamentos como precursores de terramotos: exemplo do polígono geodinâmico de Tashkent

O objetivo deste estudo inclui vários aspectos fundamentais: em primeiro lugar, criar um mapa estrutural regional de lineamentos na área de estudo utilizando imagens ópticas Landsat 8; em segundo lugar, analisar a distribuição das alterações nas estruturas de lineamentos utilizando diagramas de rosa e mapas de densidade de lineamentos. Isto permitirá identificar os precursores da atividade sísmica no território do polígono geodinâmico de Tashkent (TGP) no Uzbequistão. A figura 4.1 mostra que a sismicidade nesta região aumenta de norte para sul, predominantemente ao longo de linhas de falha como as de Karzhantau e Chiltinsky.

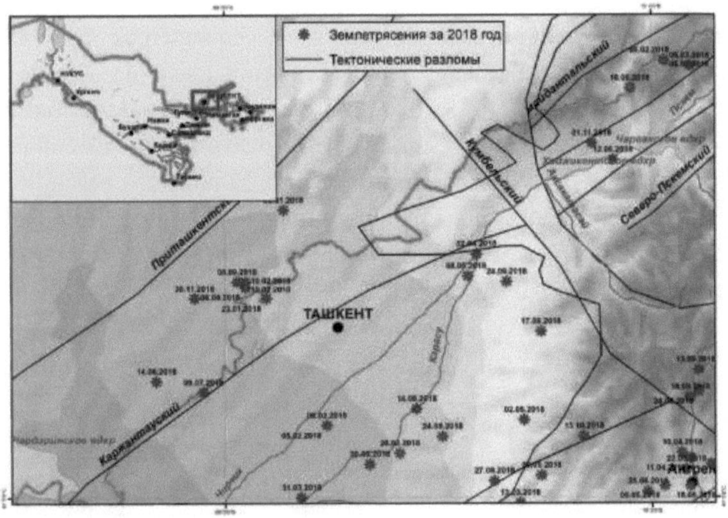

Fig. 4.1. Falhas tectónicas e epicentros de sismos na região

investigações

A análise foi baseada no catálogo de terramotos do Centro Republicano de Monitorização Sismoprognóstica do Ministério de Situações de Emergência da República do Uzbequistão [145]. Ao selecionar os sismos para análise, foram seguidos os seguintes critérios. Em primeiro lugar, os eventos com uma magnitude superior a 3 que ocorreram exclusivamente dentro da área de estudo foram tomados em consideração. Em segundo lugar, foram excluídas as datas sem imagens de satélite ou com cobertura significativa de nuvens. Os resultados de cinco sismos em negrito foram selecionados do catálogo (ver Tabela 4.1).

Tabela 4.1.

Catálogo dos sismos registados em 2018 no território da TGP

№	Data	Tempo	Profundidade (km)	Magnitude, Mw	Localização do epicentro
1	06.01.2018	00:24:12	15	3	Cazaquistão
2	08.01.2018	22:26:00	25	3.5	Uzbequistão Central
3	08.01.2018	23:02:00	25	4.1	Uzbequistão Central
4	14.01.2018	03:24:00	10	3.3	Uzbequistão Central
5	23.01.2018	01:26:08	9	4.3	Uzbequistão Central
6	05.02.2018	19:53:45	4	3.4	Uzbequistão Central
7	10.02.2018	20:18:47	12	3.1	Uzbequistão Central
8	20.02.2018	13:18:25	6	3.3	Uzbequistão Central
9	24.02.2018	11:41:39.3	24	3.7	Uzbequistão Central
10	10.03.2018	09:32:10	5	3.1	Uzbequistão Central
11	13.03.2018	04:46:43	9	3.3	Uzbequistão Central
12	25.03.2018	12:51:20.6	9	3.3	Uzbequistão Central
13	05.04.2018	10:26:00	15	3.6	Uzbequistão Central
14	**02.05.2018**	**01:19:25**	**5**	**3**	**Uzbequistão Central**
15	**10.05.2018**	**10:56:11.5**	**29**	**3.1**	**Uzbequistão Central**
16	**22.05.2018**	**09:47:20.5**	**7**	**3**	**Uzbequistão Central**
17	12.06.2018	13:53:08	15	3	Uzbequistão Central
18	25.06.2018	14:12:08	10	3.4	Uzbequistão Central
19	**27.08.2018**	**13:22:07**	**5**	**3.1**	Uzbequistão Central
20	**08.09.2018**	**20:39:56**	**5**	**3.1**	**Cazaquistão**
21	30.11.2018	13:16:48	13	3	Cazaquistão
22	19.12.2018	10:33:59.2	7	3.4	Uzbequistão Central

O presente estudo utilizou imagens de satélite Landsat 8, cujos dados foram obtidos no sítio Web Earth Explorer do Serviço Geológico dos Estados Unidos (USGS). A Tabela 4.2 apresenta as datas de aquisição das imagens Landsat 8 e o número de dias antes e depois dos eventos registados. É de notar que faltam imagens de satélite para 2 de maio, 10 de maio, 22 de maio e 27 de agosto. Por conseguinte, foram selecionadas as datas mais próximas para interpretação, nomeadamente as imagens de 3 de maio e 23 de agosto.

Tabela 4.2.

Datas das imagens de satélite Landsat 8 utilizadas

Data das imagens	Período	Número de dias (antes e depois do terramoto)
03 de maio.	Antes e depois do terramoto	1 dia depois e 7-19 dias depois
07 Ago.	Antes do terramoto.	20 dias antes do terramoto
23 de agosto	Antes do terramoto.	4 dias antes do terramoto
27 de agosto	Terramoto	Nenhuma imagem
08 de setembro.	Terramoto	-
24 de setembro.	Depois do terramoto.	16 dias após o terramoto
26 de outubro	Depois do terramoto.	48 dias após o terramoto (~1,5 meses)
11 de novembro	Depois do terramoto.	64 dias após o terramoto (~ 2 meses)

Os canais espectrais RED, NIR e SWIR 1 com resolução espacial de 30 m foram combinados com um canal pancromático de 15 m de resolução espacial mais elevada, utilizando a ferramenta Create Pan do software ArcGIS. Isto melhorou as caraterísticas espaciais dos canais de menor resolução espacial. Para criar um mapa regional de estruturas de lineamentos na área de estudo, foi utilizado um método automatizado de identificação de estruturas de lineamentos [130; pp. 561-567]. Este método baseia-se na interpretação de estruturas geológicas que aparecem à superfície sob a forma de estruturas circulares e lineares de diferentes graus de curvatura. O software de código aberto LEFA foi utilizado para o tratamento das imagens. O software inclui muitas etapas de processamento de imagens, começando pelo pré-processamento. Aplica algoritmos para identificar contornos, extrair elementos lineares, considerar o seu número e combinar elementos lineares colineares em lineamentos. O programa também inclui o passo de encontrar a dimensão fractal dos contornos da imagem. Na fase final, a imagem do mapa é exportada em formato (.geotiff) para elementos lineares em formato (.shp). Esta abordagem integrada fornece um ciclo completo de processamento de imagens, a fim de extrair e analisar estruturas lineares na imagem [146, 147].

O algoritmo inclui várias etapas [146; pp. 8-22]:

1) *Filtragem da imagem:* a filtragem, incluindo a utilização de filtros gráficos, foi aplicada para preparar a imagem para os cálculos de deteção de bordos. Para as imagens Landsat em tons de cinzento, foram identificadas alterações lineares acentuadas de luminosidade, que foram interpretadas como estruturas

lineares. Foi aplicado um algoritmo Canny altamente eficiente para identificar estas estruturas. Foi escolhido um filtro ótimo que utiliza a soma de quatro expoentes para isolar, localizar e minimizar as respostas repetitivas num único bordo. Foram isolados os limites dos pixels em que é atingido um máximo local do gradiente na direção do vetor do gradiente. Este processo envolveu a utilização de um filtro baseado na primeira derivada Gaussiana [148; pp. 679-698]. O detetor Canny utilizou um filtro que permite uma supressão eficaz do ruído e uma extração significativa dos limites. Os pontos onde é atingido um máximo local do gradiente são considerados como limites do pixel. A supressão sem um máximo ajuda a realçar os limites mais significativos, o que é particularmente importante na análise de imagens de satélite. Assim, todo o processo de filtragem e deteção de limites foi cuidadosamente ajustado utilizando parâmetros e técnicas optimizados para garantir a precisão e a eficiência da extração de estruturas de linhas em imagens Landsat 8.

2) O método da transformada probabilística de Hough (PHT) foi utilizado *para digitalizar o vetor de caraterísticas lineares*, tal como descrito em [137; pp. 11-15]. Este método fornece uma forma eficiente de extrair estruturas lineares em imagens. Os parâmetros definidos para o método de Hough foram cuidadosamente escolhidos para obter resultados óptimos:

- Comprimento mínimo das linhas detectadas (em pixels): define o comprimento mínimo das estruturas de linhas a selecionar na imagem. É definido para um valor específico para excluir linhas curtas e irrelevantes.
- Tolerância máxima de intervalo entre píxeis para uma determinada linha: ajusta a tolerância de intervalo entre píxeis permitida para a deteção de linhas. Ajuda a ter em conta possíveis descontinuidades ou alterações de brilho nas estruturas das linhas.
- Selecionar valores de coordenadas Hough (p e 0): define o intervalo de valores p e 0 para pesquisa no espaço Hough. A seleção eficaz deste intervalo é importante para a deteção precisa de linhas.
- Número de picos de Hough ("Hough peaks"): determina quantos picos no espaço de Hough são considerados suficientes para detetar uma linha. Isto controla a sensibilidade do método.

3) Os grandes elementos lineares - falhas - são obtidos através da combinação de vários elementos. Os parâmetros de fusão são a proximidade espacial destes segmentos e a sua colinearidade. O algoritmo de colinearidade é aplicado a elementos lineares com comprimento superior a vários pixéis e é controlado pelos seguintes parâmetros: a diferença máxima k/b (a relação

entre o declive da equação das linhas comparadas e o ponto de intersecção), a distância máxima entre os pontos centrais das linhas comparadas, o número mínimo de linhas necessárias para se fundirem em lineamentos e a ordem do polinómio de linha.

Este método de análise de imagens de satélite permite a criação de um mapa estrutural regional de lineamentos, o que constitui um passo importante para a análise das caraterísticas geológicas e do estado de tensão-deformação

A área de estudo é uma zona tectonicamente ativa com sismos frequentes com uma magnitude média de 3. A Tabela 4.3 apresenta a informação estatística geral dos mapas de lineamentos para todas as imagens temporais (7 cenas). Os resultados da análise estatística dos dados apresentados na Fig. 4.2 realçam a influência dos sismos nas estruturas lineares da área de estudo.

Com base na análise das estatísticas do dia 3 de maio de 2018 no contexto dos três sismos que ocorreram nos dias 2 de maio de 2018, 10 de maio de 2018 e 22 de maio de 2018, observa-se que o número de lineamentos foi de 1352. Este resultado mostra que nos 20 dias que antecederam o sismo de 27 de agosto de 2018 (7 de agosto de 2018), o número de lineamentos diminuiu para 97. Nos 16 dias anteriores ao terramoto, 23 de agosto de 2018, o número de lineamentos aumentou para 571. No dia do segundo sismo, 8 de setembro de 2018, foram identificados 1494 lineamentos, e 16 dias depois (24 de setembro de 2018) o número diminuiu para 117. Observa-se uma diminuição notável do número de lineamentos após os sismos de outubro e novembro, atingindo 85 e 49, respetivamente.

É importante notar que os valores dos comprimentos mínimo e máximo dos lineamentos permanecem quase constantes para todos os eventos considerados. Estas estatísticas realçam a influência dos sismos nas estruturas lineares da região e fornecem informações sobre a dinâmica das mudanças na zona tectonicamente ativa.

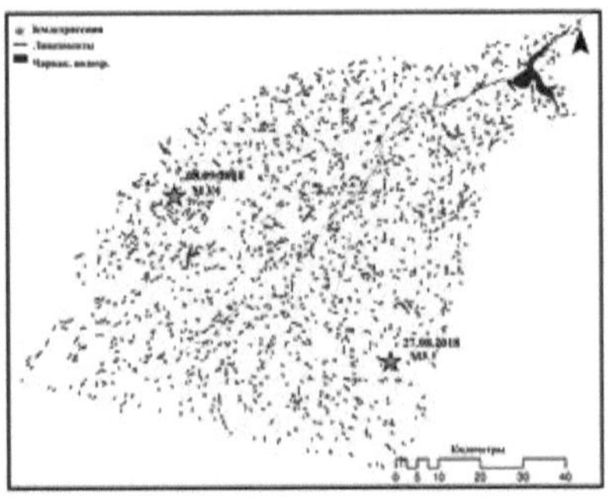

07 de agosto de 201823 de agosto de 2018

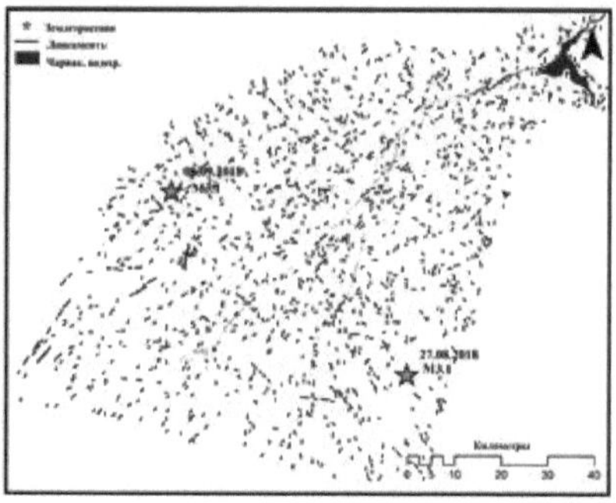

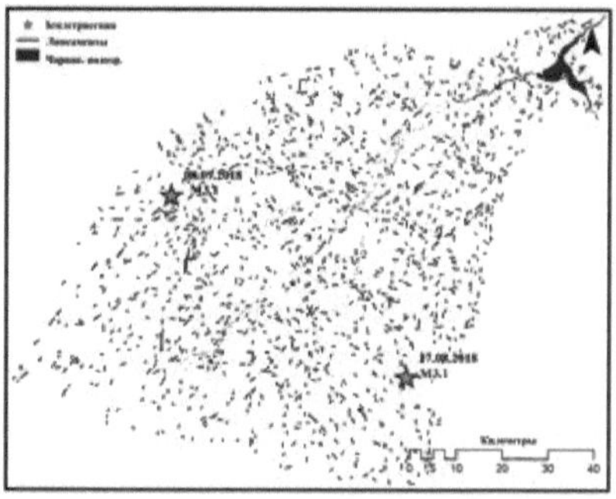

08 de setembro de 201824 de setembro de 2018

Figura 4.2. Resultado da interpretação das estruturas de lineamentos

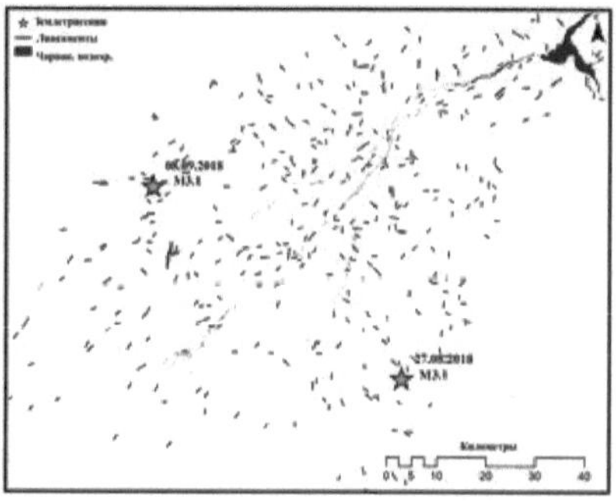

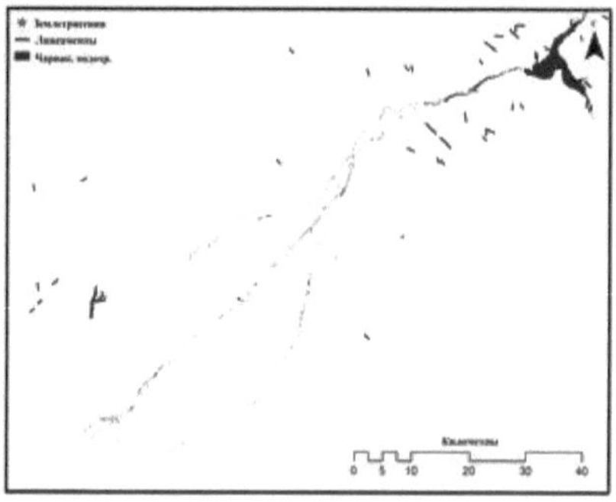

26 de outubro de 201811 de novembro de 2018

Figura 4.2. Resultado da interpretação das estruturas de lineamentos (continuação)

Tabela 4.3.

Estatísticas do comprimento dos lineamentos

	03 de maio.	07 agosto	23 de agosto.	08 sept	24 de setembro.	26 de outubro.	11 de novembro.
Número total de	1352	97	571	1494	117	85	49
Comprimento mínimo, km	0.8	1.5	1.1	0.8	1.5	1.5	1.1
Comprimento máximo, km	4.1	3.0	3.6	3.8	3.6	3.0	2.8
Quantidade, km	1333.8	177.6	748.9	1457.6	204.9	153.9	66.1
Desvio padrão, km	0.3	0.4	0.3	0.3	0.3	0.3	0.4

Obviamente, o aumento da densidade de estruturas de lineamentos está associado a fracturas tectónicas. A análise das estatísticas do número de estruturas de lineamentos mostra que o seu número começa a aumentar quase 20 dias antes do sismo, atinge um máximo cerca de 4 dias antes do evento e diminui 16 dias após o sismo, com o valor mínimo observado 2-3 meses depois.

A densidade das estruturas de lineamentos depende do seu número, o que faz com que os diagramas de rosa e os mapas de densidade sejam ferramentas fundamentais para prever mudanças. A Figura 4.3 explora as direcções dominantes identificadas a partir dos dados. As direcções NNW, WNW, NW-SE e NE-SW estão assinaladas. A distribuição dos lineamentos nestas direcções está relacionada com as caraterísticas geológicas da região.

A direção SJ, relacionada com o movimento da placa Eurasiática, torna-se notável 20 dias antes do terramoto, persiste durante os eventos e praticamente desaparece após 2 meses. As mudanças na direção SW manifestam-se com a mesma periodicidade, mas com intensidade diferente, especialmente no período de verão, o que provavelmente está relacionado com os processos no reservatório de Charvak. As falhas NW-SE e NE-SW são causadas por perturbações tectónicas dos maciços montanhosos. A falha Talaso-Fergana, a falha Kumbel e outros sistemas desempenham um papel importante na deformação e rotação dos sistemas montanhosos [149; p. 54]. Estas observações sublinham que as mudanças nas estruturas dos lineamentos reflectem processos complexos na crosta terrestre, incluindo movimentos tectónicos e o impacto das actividades humanas, como o impacto dos reservatórios [150].

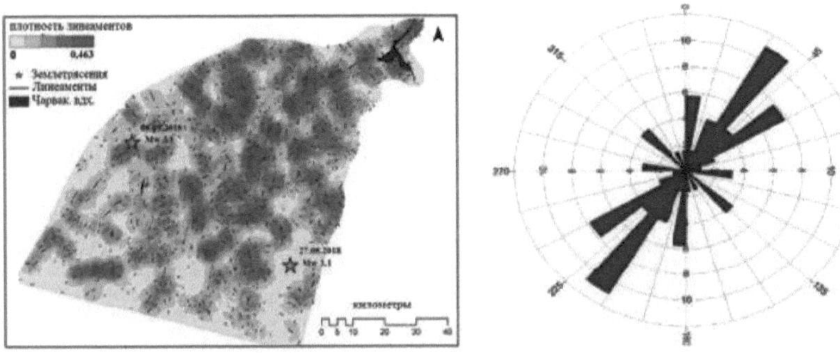

07 de agosto de 2018 07 de agosto de 2018 07 de agosto de 2018

Figura 4.3. Mapas de densidade e diagramas de rosa de estruturas de lineamentos

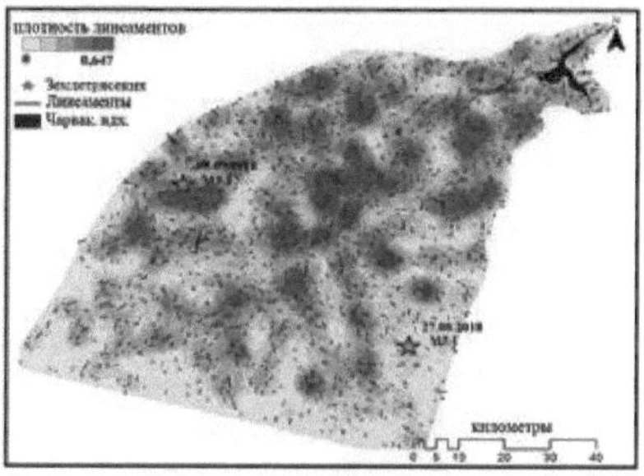
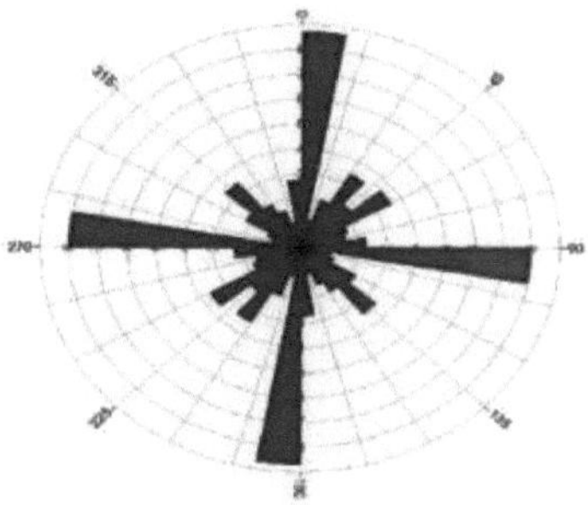

23 de agosto de 2018 23 de agosto de 2018 23 de agosto de 2018

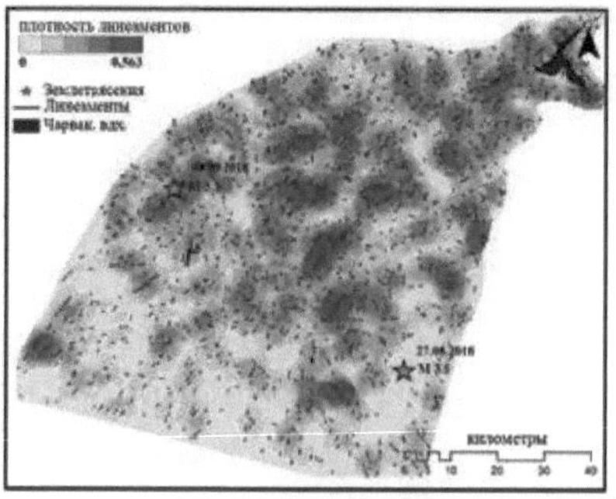
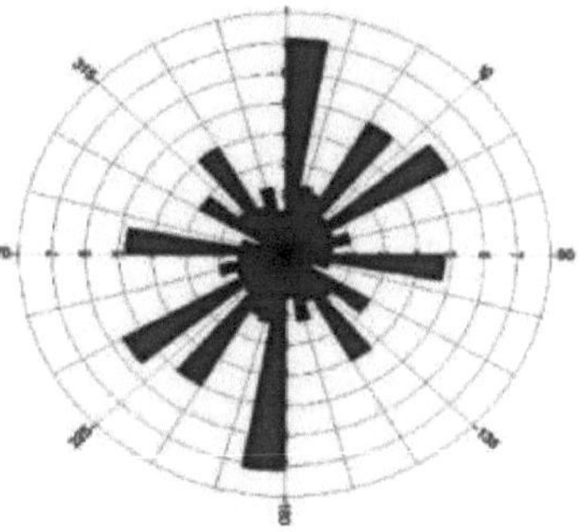

08 de setembro de 2018 08 de setembro de 2018

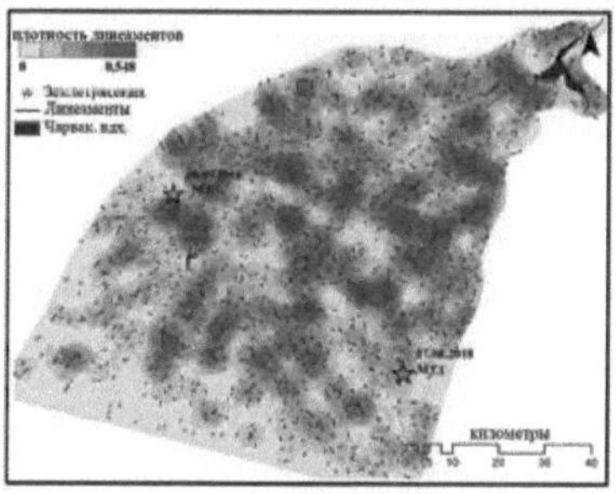
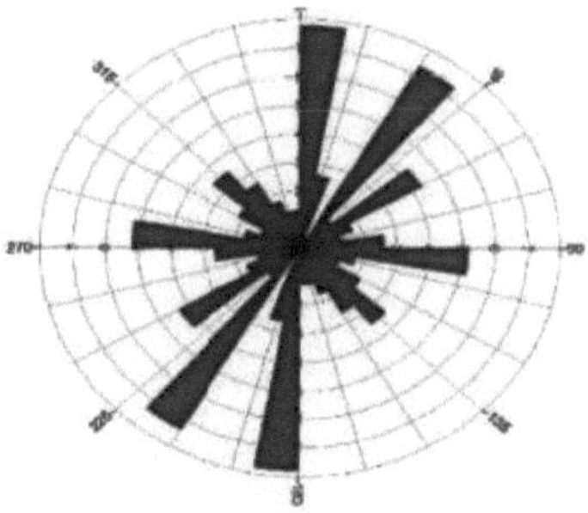

24 de setembro de 2018 24 de setembro de 2018 24 de setembro de 2018

Figura 4.3. Mapas de densidade e diagramas de rosa de estruturas de lineamentos
(continuação)

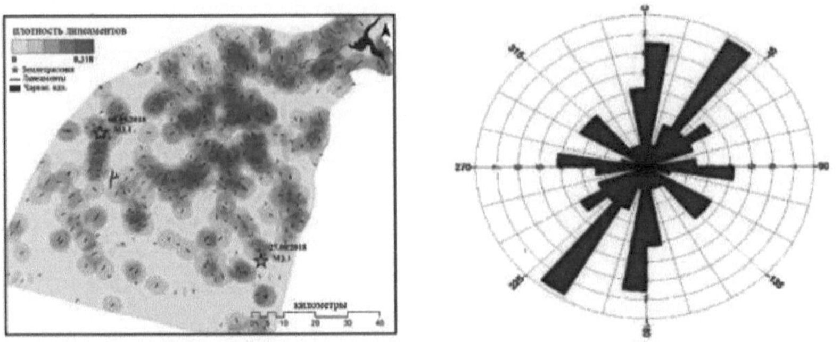

26 de outubro de 2018 26 de outubro de 2018 26 de outubro de 2018

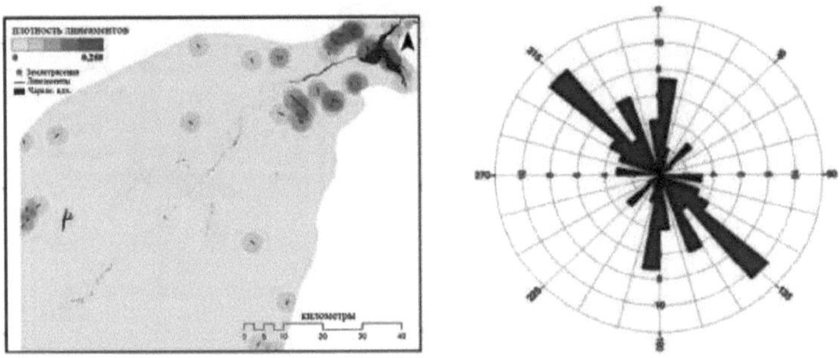

11 de novembro de 2018 11 de novembro de 2018 11 de novembro de 2018

Figura 4.3. Mapas de densidade e diagramas de rosa de estruturas de lineamentos (continuação)

A região TGP é notável pela sua elevada atividade sísmica, abrangendo sismos de baixa a média magnitude, com os mais significativos a terem uma magnitude de Mw3.0. Em contraste com estudos anteriores realizados por vários investigadores, onde o foco foi principalmente em sismos de maior magnitude [109; pp. 36-47, 111; c. 47-56, 113; c. 3-20, 115; c. 1-26, 118; c. 1283-1291, 130; c. 561-567], este estudo foi o primeiro a considerar eventos sísmicos de menor magnitude, o que é uma caraterística desta região.

4.2 Estudo da atividade sísmica da zona industrial de Almalyk-Angren com base na análise de lineamentos

Este estudo tem como objetivo utilizar um método automatizado de extração de lineamentos a partir de imagens de satélite para estudar a atividade sísmica na zona industrial de Almalyk-Angren, no Uzbequistão. O problema científico que iremos abordar está relacionado com a necessidade de compreender melhor os padrões e as caraterísticas da atividade sísmica nesta região devido à sua complexa estrutura tectónica. Utilizando um método de extração automática de lineamentos e comparando os resultados com mapas geológicos, esperamos identificar de forma eficiente e precisa as caraterísticas lineares associadas à atividade tectónica num grande volume de dados. Isto contribui para uma melhor compreensão das caraterísticas geológicas e tectónicas da região. Pretendemos investigar a relação entre a densidade, a orientação dos lineamentos e a atividade sísmica na região, e avaliar o potencial da análise automatizada de lineamentos como uma ferramenta para a avaliação do risco sísmico. São formuladas hipóteses sobre a relação entre certos lineamentos detectados por análises automáticas e linhas tectónicas onde a acumulação de tensões na crosta pode desencadear sismos. Estas hipóteses serão testadas através da análise de dados sobre sismos e estruturas geológicas, comparando-os com a distribuição dos lineamentos. Desta forma, obteremos uma melhor compreensão da geologia subjacente e dos processos tectónicos que influenciam a atividade sísmica na região. Em conclusão, este estudo tem como objetivo investigar a dinâmica dos lineamentos na região, investigar a localização de epicentros sísmicos com base na localização de falhas, comparar os resultados com dados geológicos e identificar áreas de influência antropogénica. A utilização da análise automatizada de lineamentos pode melhorar a nossa compreensão da atividade sísmica e dos potenciais riscos associados na região.

A região de Angren-Almalyk situa-se no nordeste do Uzbequistão e é uma das principais zonas de extração de minério do país. A mina de carvão de Angrenovo, com uma profundidade de até 300 metros, a mina a céu aberto de Jirgistan e as minas de carvão de Naugarzan e Apartak estão localizadas aqui. A Almalyk Mining and Metallurgical Combine (AMMC) é o principal produtor de
metais não ferrosos no Uzbequistão (Figura *4.4)*.

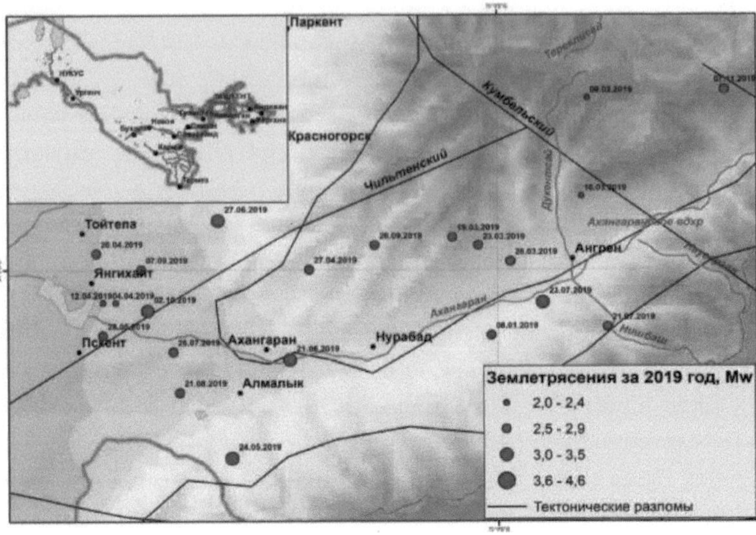

Figura 4.4. Imagem Landsat 8 da área de estudo, falhas tectónicas e localização de epicentros de sismos [145]

A região está localizada no bloco Chatkal-Kuramin, parte da área geológica de Tien Shan. Uma das principais estruturas geológicas desta região é uma formação magmática que cobre cerca de 85% do território, com idades compreendidas entre o Proterozoico e o Mesozoico. As estruturas da zona de Kuramin foram formadas durante os ciclos tectónicos Caledoniano, Hercínico e Alpino. O relevo moderno da zona foi formado durante o Neogénico. O norte e o sul da zona de Angren são caracterizados por perturbações tectónicas sobrepostas às montanhas Chatkal e Kuramin. A tectónica da região é representada por uma combinação complexa de diferentes elementos estruturais, incluindo dobras, depressões, falhas, intrusões e rochas vulcânicas.

O principal depósito da região é a cintura de minério de Almalyk, que se estende por 40 quilómetros e é rica em cobre, ouro, prata e outros minerais. Os minérios encontram-se em rochas carbonatadas e depósitos vulcânicos formados por atividade vulcânica e processos magmáticos durante a era mesozóica (151). A região está localizada no bloco Chatkal-Kuramin, que é um maciço cristalino formado como resultado de processos geológicos antigos que ocorreram há mais de 2 mil milhões de anos. O bloco contém uma variedade de granitos, gnaisses, xistos e quartzitos que sofreram uma deformação tectónica severa, resultando na formação de vários elementos estruturais, incluindo dobras, falhas e fracturas. Os processos tectónicos mais intensos nesta área ocorreram no Mesozoico e no Cenozoico, quando a colisão e a subducção de placas litosféricas levaram à formação de dobras de montanhas, incluindo as cadeias Pamir e Tien Shan. Estes processos resultaram na formação de uma variedade de rochas, incluindo granitos, gneisses, xistos e arenitos nas regiões de Angren e Almalyk. Atualmente, os processos tectónicos continuam nesta área. Existem várias falhas importantes em torno da região de Angren-Almalyk que definem a estrutura tectónica desta área. Uma das falhas mais longas é a falha de Chiltan, que se estende a oeste do maciço de Angren. Trata-se de uma falha ativa capaz de produzir sismos. Outra falha importante é a falha de Almalyk, que atravessa o maciço de Almalyk a norte da cidade de Almalyk. Esta falha também está ativa e é capaz de produzir fortes sismos. De acordo com um estudo da distribuição de tensões e da zonagem do Tien Shan ocidental e do território adjacente, com base no excesso de tensão tangencial calculado por modelação matemática e comparado com medições em sondagens profundas, esta área é identificada como uma zona com os valores mais elevados de excesso de tensão tangencial (>2 MPa) [152]. A falha de Kumbel, que corre ao longo do limite sul da zona de Angren-Almalyk, é menos ativa mas pode ainda produzir sismos. A falha é uma falha de cisalhamento complexa com ângulos de inclinação do plano de falha variando de 60° a 90° no nordeste, e o bloco sudoeste é elevado. Recentemente, ocorreram movimentos de cisalhamento com amplitudes de até 5 km ao longo desta falha [6, 153]. As falhas principais são acompanhadas por numerosas fracturas auxiliares menores e associadas. Devido a actividades mineiras intensivas e a condições geológicas e tectónicas especiais, a zona industrial de Almalyk-Angren é uma região com um elevado nível de atividade sísmica.

Foram utilizadas no estudo imagens Landsat 8 sintetizadas combinadas com um canal pancromático de maior qualidade. O algoritmo LEFA foi escolhido para analisar estruturas lineares, permitindo a extração automática de objectos lineares com elevada precisão. Uma combinação de métodos como a Transformada de Canny e Hough foi utilizada para o processamento de imagens e extração de lineamentos. Esta abordagem permitiu o estudo da dinâmica da crosta terrestre a profundidades de dezenas de quilómetros. São necessárias imagens de menor resolução para detetar eventos em áreas maiores. As imagens com uma resolução de 10-30 metros são úteis para o estudo de sismos porque podem integrar informação sobre a presença de falhas a profundidades de dezenas de quilómetros. Embora estas imagens não consigam detetar fracturas individuais, são excelentes para seguir as mudanças associadas à acumulação de força ou ao enfraquecimento causado pelo movimento das placas tectónicas. No nosso estudo, utilizámos imagens Landsat 8 OLI com uma resolução de 30 m antes e depois do terramoto, descarregadas do sítio Web Earth Explorer do Serviço Geológico dos Estados Unidos (USGS) [154, 155]. As imagens arquivadas incluíam dados de 6 de maio, 23 de junho, 9 e 25 de julho, 10 de agosto, 11 e 27 de setembro de 2019. O catálogo de sismos na região do Centro Republicano de Monitorização do Prognóstico Sísmico do Ministério das Situações de Emergência da República do Usbequistão [24] foi utilizado para a análise. Durante 2019, ocorreram 29 sismos (2,2 <Mw <4,2) na zona industrial de Almalyk-Angren. A Tabela 4.4 apresenta as datas selecionadas para análise (2,5 <Mw <3,2).

Tabela 4.4.

Catálogo de sismos no território da zona industrial de Almalyk-Angren para 2019

№	Data	Profundidade (km)	Magnitude	Região do epicentro
1	21.06.2019	5	3	Uzbequistão Central
2	27.06.2019	14	3	Uzbequistão Central
3	21.07.2019	5	2,5	Leste do Uzbequistão
4	23.07.2019	15	3,2	Uzbequistão Central
5	26.07.2019	7	2,9	Uzbequistão Central
6	07.09.2019	5	2,6	Uzbequistão Central
7	26.09.2019	30	2,9	Uzbequistão Central

Uma das principais medidas estatísticas utilizadas para prever as alterações dos lineamentos foram os diagramas de rosas e os mapas de densidade, como se mostra na Fig. 4.5 (coluna da direita). As direcções dominantes foram NW, WNW e NW-SE. Verificou-se que, à medida que o número de lineamentos aumentava, o comprimento da direção norte também aumentava. Os mapas de densidade (Figura 4.5, coluna da esquerda) mostraram uma alta densidade de lineamentos perto do epicentro dos terramotos que ocorreram em 23 de junho de 2019 e 27 de junho de 2019. A densidade de lineamentos diminuiu em 9 de maio, 9 de julho e agosto, conforme indicado pelos resultados, com a densidade mínima registada em 9 de julho de 2019 igual a 0,33. Uma alta densidade de lineamentos perto do epicentro do terramoto que ocorreu em 26 de julho de 2019 foi observada em 25 de julho de 2019, os lineamentos atingiram o seu máximo um dia antes do evento. O número máximo de lineamentos foi observado em 27 de setembro de 2019 com uma densidade de 1,11.

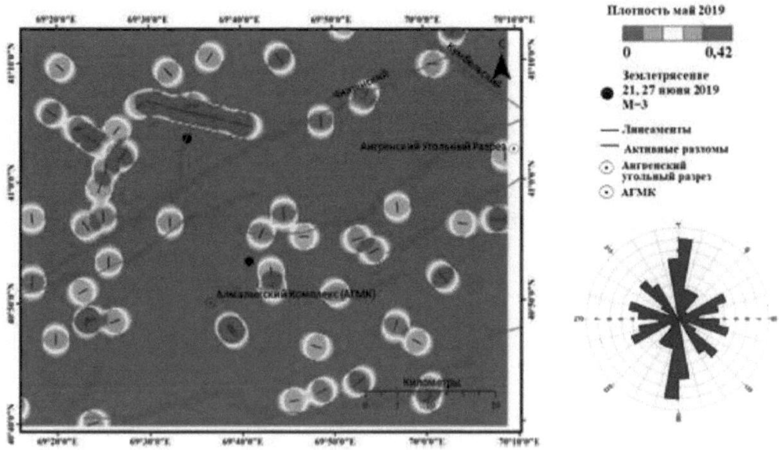

6 de maio de 2019.

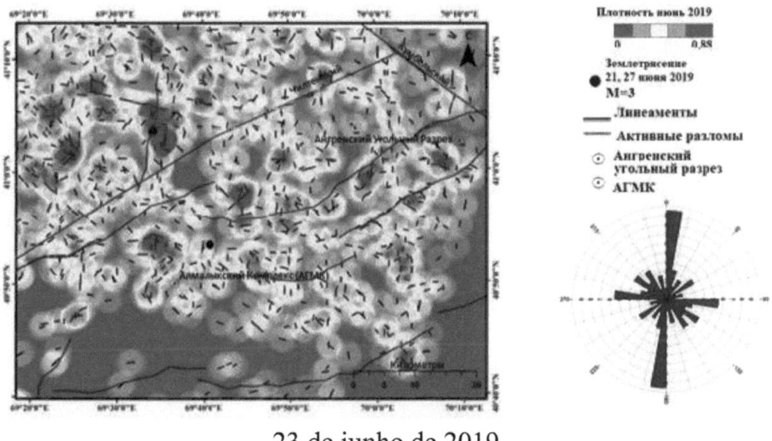

23 de junho de 2019.

Fig.4.5 Mapas de densidade e diagrama de lineamentos de rosas

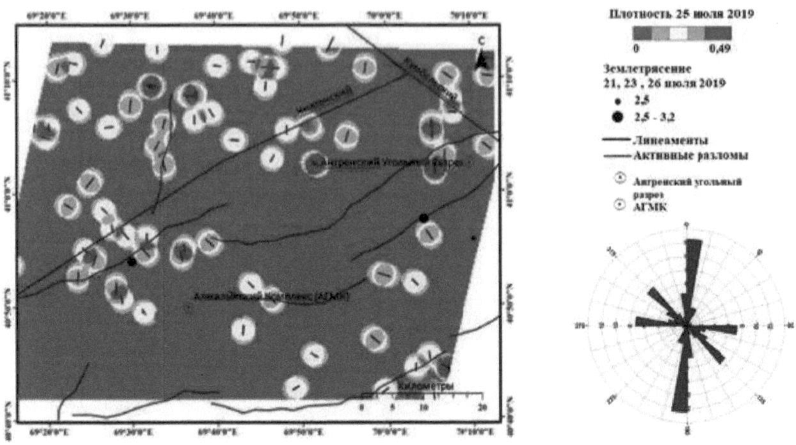

9 de julho de 2019.

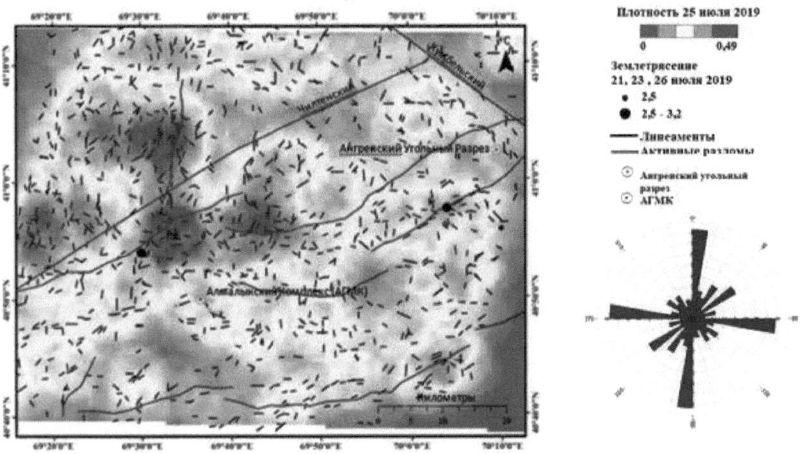

25 de julho de 2019.

Fig.4.5 Mapas de densidade e diagrama de lineamentos rosas (continuação)

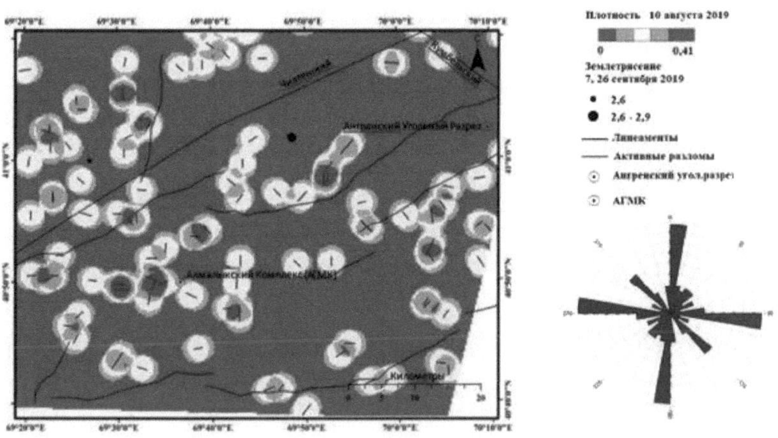

10 de agosto de 2019.

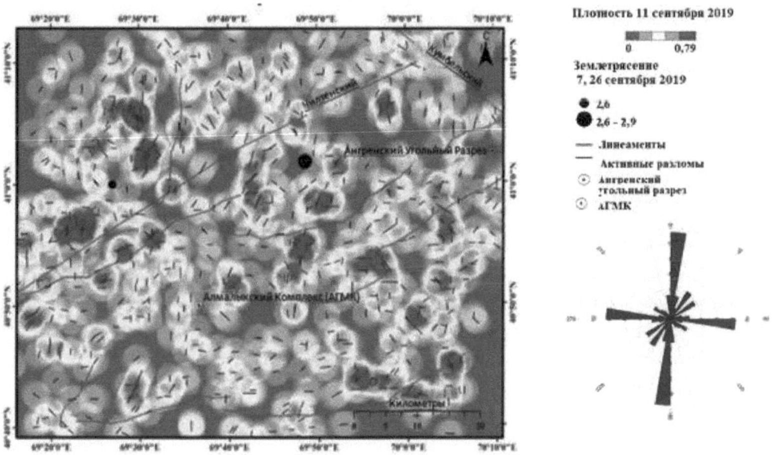

11 de setembro de 2019.

Fig.4.5 Mapas de densidade e diagrama de lineamentos rosas (continuação)

Os resultados mostraram uma clara tendência crescente no número de lineamentos no intervalo antes e depois do terramoto, com uma diminuição acentuada no número total de lineamentos 20 dias antes e aproximadamente 14 dias após o terramoto. Os gráficos rosa e os mapas de densidade mostraram direções dominantes CC, WNW e NW-SE, com altas densidades de lineamentos perto dos epicentros dos terremotos que ocorreram em 23 de junho de 2019, 27 de junho de 2019 e 26 de setembro de 2019. Os resultados da análise estatística das densidades de lineamentos durante os terremotos fornecem informações importantes sobre os processos tectônicos que ocorrem na região de estudo e podem indicar a possibilidade de prever terremotos no futuro. No entanto, estes resultados só se aplicam a sismos de magnitude cerca de 3 e estão concentrados em áreas onde as rochas paleozóicas estão expostas à superfície, indicando a influência da atividade humana no estado de tensão da superfície da terra em áreas de mineração ou pedreiras. Outras investigações poderiam alargar este trabalho para incluir análises de sismos de maior magnitude também noutras regiões geológicas e para investigar a influência da atividade humana nos processos tectónicos. É também claro a partir da análise que há uma tendência para os epicentros dos terramotos estarem localizados ao longo de falhas. A análise automatizada de lineamentos com base em dados de deteção remota pode ser um dos métodos mais eficazes, com rapidez e eficiência, para a monitorização geodinâmica de áreas sismicamente perigosas, bem como de áreas industriais. Os resultados obtidos mostraram a possibilidade de aplicação prática desta análise, especialmente para a análise da tectónica de falhas, que são zonas de maior atividade sísmica e deformações da superfície terrestre. O método proposto para estudar a dinâmica do sistema de lineamentos em imagens de satélite, em combinação com outros métodos, pode ser utilizado para a monitorização operacional de riscos sísmicos. É de notar que o método automatizado ainda precisa de ser melhorado utilizando métodos matemáticos e algoritmos para tornar possível a sua aplicação em áreas com diferentes condições geológicas [156].

Conclusões do capítulo 4

Esta parte da monografia apresenta os resultados de estudos experimentais sobre a relação entre estruturas de lineamentos e sismicidade. A análise automática de lineamentos baseada em dados de deteção remota demonstra uma elevada eficiência.

Os resultados da análise sazonal das estruturas de lineamentos perto do objeto tecnogénico como o reservatório de Charvak indicam um número mínimo de lineamentos em dezembro e um aumento significativo em março, junho e setembro. Observa-se a influência das flutuações do nível da água na formação dos lineamentos. Os mapas de densidade de lineamentos mostram concentrações crescentes no sudeste e densidades elevadas na parte norte da região durante o período inverno-primavera, possivelmente relacionadas com processos sazonais como a queda de neve. Os mapas de junho e setembro revelam falhas resultantes de flutuações nos níveis dos reservatórios.

A análise estatística do número de estruturas de lineamentos e a seleção das direcções principais usando mapas de densidade e diagramas de rosa para o território tectonicamente ativo como o polígono geodinâmico de Tashkent permitiu revelar a dinâmica das mudanças nas estruturas de lineamentos. Notou-se que o número e a direção dos lineamentos sofrem alterações significativas cerca de 2-4 meses antes do terramoto, após o que regressam gradualmente ao estado inicial. O crescimento rápido da densidade dos lineamentos começa cerca de 20 dias antes do evento, atinge um máximo 4 dias antes do terramoto e diminui dentro de 16 dias após o terramoto.

A análise mostrou a eficácia do método, especialmente para terramotos com magnitude de cerca de 3 para a área industrial de Almalyk-Angren. Os resultados da análise estatística indicam um aumento do número de lineamentos antes e depois dos sismos. A tendência dos epicentros dos terramotos para as falhas também é revelada.

A análise automatizada de lineamentos pode ser um método eficaz de monitorização geodinâmica, mas requer melhorias adicionais para aplicação em diferentes condições geológicas e zonas com atividade sísmica diferente. Os resultados obtidos mostraram a possibilidade de aplicação prática desta análise, especialmente para a análise de fracturas tectónicas, que são zonas de maior atividade sísmica e deformações da superfície terrestre. O método proposto para investigar a dinâmica das estruturas de lineamentos utilizando imagens de satélite, juntamente com outros métodos, pode ser utilizado para a monitorização operacional do risco sísmico. É de notar que o método automático ainda precisa de ser melhorado com métodos matemáticos e algoritmos para que possa ser aplicado em territórios com diferentes condições geológicas. Isto é especialmente verdade para as zonas geológicas de plataforma onde, para além das falhas tectónicas, existe uma rede bem desenvolvida de bacias hidrográficas e outras linhas. A natureza física da delimitação destas zonas deve ser determinada por métodos integrados (micro-ondas e dados GNSS).

CONCLUSÃO

Os resultados seguintes foram obtidos durante o estudo dos processos tectónicos na região de Tashkent utilizando dados de satélite. A análise do campo de velocidade espacial de 12 pontos GNSS para o período 20182020 permitiu calcular as velocidades horizontais na gama de 21-33 mm/y com separação dos movimentos rotacionais ao longo das placas tectónicas.

Um modelo geoide local melhorado baseado em dados SRTM30, ASTER GDEM2 e ALOS AW3D30 é recomendado para estudos geodésicos e hidrológicos.

A interpretação das estruturas de lineamento com base em imagens espaciais revelou a influência das flutuações do nível da água no reservatório na deformação da área. A análise automática de lineamentos Landsat-8 confirmou que o processo de fissuração aumenta vários meses antes do terramoto, atingindo um máximo alguns dias antes do evento. A análise estatística evidenciou o aumento dos lineamentos antes e depois dos sismos, bem como a tendência dos epicentros para a rutura.

Os resultados obtidos podem ser utilizados para avaliar os impactos antropogénicos e para desenvolver um datum de referência dinâmico para o sistema nacional de coordenadas geocêntricas.

LISTA DE REFERÊNCIAS

1. Gatinsky Yu.G., Rundquist D.V. Geodinâmica da Eurásia - tectónica de placas e tectónica de blocos // Geotectónica. - 2004. -T. 38, № 1. -C. 3-20.
2. Ulomov V.I. On the role of horizontal tectonic movements in seismogeodynamics and seismic hazard prediction // Physics of the Earth. - 2004. - № 9. -C. 14 - 30.
3. Ibragimov R.N., Plotnitsky A.Y., Sadykov Y.M. Seismotectonic conditions of occurrence of the Ghazli earthquakes // Ghazli earthquakes of 1976 and 1984. -Tashkent: Fan, 1986. -C. 18-28.
4. Usmanova, M.T. About geodynamic models and seismicity of Central Asia / M.T. Usmanova // Catalogue of seismic prognostic observations in the territory of Azerbaijan: annual journal. - Baku, 2011. - C. 138-145.
5. Khamidov H.L. Identificação de indicadores morfocinéticos da geodinâmica moderna do Tien Shan Ocidental // Geodinâmica moderna da Ásia Central e riscos naturais: resultados da investigação numa base quantitativa: Actas da reunião de toda a Rússia e escola de jovens sobre geodinâmica moderna (Irkutsk, 23-29 de setembro de 2012). - Irkutsk: IZK SB RAS, 2012. T. 2. -C. 88-91.
6. Yarmukhamedov A.R. Modern geodynamic activity of the Earth's crust and its connection with seismicity. - Tashkent: Universidade, 1995. - 130 c.
7. Abdurakhmanov R.Z., Demyanov G.V., Kaftan V.I., Pobedinsky G.G. Questões metodológicas da construção de redes geodésicas globais e regionais // Problems and Solutions. - 2013. - №2 (49). - C. 67-70.
8. Abdullabekov, K.N., Maksudov , S.H., Muminov, M.Y., Tuichiev, A.I. Sobre a relação das variações do campo geomagnético com os processos sísmicos e geodinâmicos na crosta terrestre // Problemas actuais da sismologia moderna: Actas da Conferência Internacional (Tashkent, 12-14 de outubro de 2016). - Tashkent, 2016. - C. 168-171.
9. Khamidov L.A., Ergeshov I.M., Makhkamov S.M., Khamidov H.L. Estimativas das deslocações modernas da parte central do Vale de Fergana // Décima oitava Escola Científica da Juventude dos Urais em Geofísica: Coleção de materiais científicos. - Perm: GI Ural Branch da Academia Russa de Ciências, 2017. - C.228-233.
10. Khusomiddinov S.S., Starovatov A.A., Sadirov F.H. On the role of tidal forces in seismogenic processes // Problems of Seismology. - 2019. - №2. -C. 29-35.
11. Rebetsky Y.L., Ibragimova T.L., Ibragimov R.S., Mirzaev M.A. Estado

de tensão das zonas sismicamente activas do Uzbequistão // Voprosy Engineering Seismology. - 2020. - T.47. - №3. - C. 28-52. DOI:10.21455/VIS2020.3-2.
12. Abdrakhmatov, K.Y. et al. Construção relativamente recente do Tien Shan inferida a partir de medições GPS das taxas actuais de deformação da crosta terrestre// Nature. -1996, -№384, -P. 450-453.
13. Reigber Ch., Klotz J., Angermann D., Trapeznikov Y. A., Tatevian S. K., Makarov V. I., Abdullabekov K. N., Yuldashbaev T. S., Tsurkov V. G., Kurskeev A. K. Projeto GPS Pamir - Tienshan: Rede, Campanha de Observação 92 e Estratégia de Análise. In: Montag H., Reigber C. (eds)/ Geodesia e Física da Terra. Simpósios da Associação Internacional de Geodesia. Springer, Berlim, Heidelberg. 1993. Vol. 112. P. 42-45.
14. Ergeshov I.M., Makhmudov M.D., Fazilova D.Sh. Processamento de dados GPS em GAMIT/GLOBK: o exemplo das estações permanentes da rede do Uzbequistão // Universum: technical sciences: electron. nauchn. zhurn. - 2020. - 10(79). -C. 50-55. URL: https://7universum.com/ru/tech/archive/item/10817.
15. Herring T.A., Hager B.H., Meade B., Zubovich A.V. Contemporary horizontal and vertical deformation in the Tien Shan // Seminário internacional "On the Use of Space Techniques for Asia-Pacific Regional Crustal Movements Studies". -Moscovo, GEOS, 2002, -P. 75-84.
16. Kairanbaeva A.B. Monitorização geodésica e monitorização computorizada
Modelação de processos geodinâmicos no território do Tien Shan Norte: Doutoramento. Doutoramento em Filosofia (PhD). -Alma-Aty, 2014. -145c.
17. Khusomiddinov S. S. Questões actuais de sismologia à luz do conceito de proteção da população e do território contra situações de emergência // Problems of seismology in Uzbekistan. - 2007. -№ 4. - C.10-15.
18. Ergeshov I. M., Khusomidinov A. S., Khamidov X. L. Caraterísticas morfogenéticas da parte oriental do Tien Shan Ocidental para a organização de pontos de medição GPS // Relatórios da Academia de Ciências da República do Uzbequistão. - 2016. - № 3. - C. 49-54.
19. Abdullabekov K.N., Maksudov S.H., Tuichiev A.I., Yusupov V.R. Variações locais do campo geomagnético de natureza antropogénica e geodinâmica na área do reservatório de Charvak // Ecological Bulletin of Uzbekistan. -2012. -№4. - C.11-15.
20. Abdullabekov K.N., Maksudov S.H., Muminov M.Y., Tuichiev A.I., Estudos geomagnéticos nos territórios de objectos tecnogénicos no

Uzbequistão. // "Problemas modernos de geodinâmica e geoecologia de orógenos intracontinentais": Actas do Quinto Simpósio Internacional (Bishkek, 19-24 de junho de 2011). -Bishkek, 2011. - C.5-8.
21. Yusupov V. Anomalias do campo geomagnético relacionadas com eventos naturais e tecnogénicos na área de Charvak // Geodesia e Geodinâmica. - 2018. -Vol. 9, Issue 5. - P.367-371.
22. Giardini D., Grunthal G., Shedlock K. M. and Zhang P. The GSHAP Global Seismic Hazard Map [In: Lee W., Kanamori H., Jennings P. and Kisslinger C. (eds.)]: International Handbook of Earthquake & Engineering Seismology, International Geophysics Series 81 B, Academic Press, Amsterdam, -2003. - P.1223-1239.
23. Artikov T.U., Ibragimov R.S., Ibragimova T.L., Kuchkarov K.I., Mirzaev M.A. Avaliação quantitativa do risco sísmico para o território do Uzbequistão de acordo com as taxas máximas estimadas de oscilação do solo e suas amplitudes espectrais // Geodinâmica e Tectonofísica. -2018. -9(4). -P.1173-1188. doi:10.5800/GT-2018-9-4-0389.
24. Artikov T.U., Ibragimov R.S., Ibragimova T.L, Mirzaev M.A. Complexo de mapas de zonamento sísmico geral OSR-2017 do Uzbequistão // Geodesia e
Geodynamics. -2020. -Vol. 11(4).-P. 273-292. https://doi.org/10.1016Zj.geog.2020.03.004.
25. Mavlyanova N. G., Ibragimov R. S., Ibragimova T. L., Rakhmatullaev K. K. Caraterísticas dos Processos Sismogravitacionais em Zonas de Manifestação Ativa de Sismos na Ásia Central: Um Estudo de Caso do Uzbequistão // Geoecologia, Geologia de Engenharia, Hidrogeologia, Geocriologia. -2021. - Vol. 2. -P. 27-40.
26. Relatório sobre o trabalho de investigação Estudos geodinâmicos dos movimentos modernos da crosta terrestre em polígonos geodinâmicos da República do Uzbequistão por métodos geodésicos. -Tashkent, 2010. -43 c.
27. Rakhmatullaev Sh., Huneau F., Celle-Jeanton H., Le Coustumer Ph., Motelica-Heino M., Bakiev M. Water reservoirs, irrigation and sedimentation in Central Asia: A first cut assessment for Uzbekistan // Environmental Earth Sciences. - 2013. - Vol.68. - №4. - P. 985-998. doi: 10.1007/s12665-012-1802-0.
28. Fazilova D., Magdiev H. Estudo comparativo de métodos de interpolação no desenvolvimento do geoide local // International Journal of Geoinformatics. - 2018. - V.14, №1. -P. 29-33.
29. Fazilova D. Transformação do sistema de coordenadas do Uzbequistão de

CS42 para WGS84 utilizando o modelo de grelha de deformação // Geodesia e Geodinâmica. -2022. -Vol. 13, Issue 1. - P. 24-30. https://doi.org/10.1016/j.geog.2021.10.001.
30. Fazilova D., Magdiev H. Atualização de mapas topográficos digitais no novo sistema nacional de coordenadas espaciais: o caso do vale de Fergana no Uzbequistão // Proc. Int. Cartogr. Assoc., (Florença, 14-18 de dezembro de 2021). -Florença, 2021. - Vol.4. -31p. https://doi.org/10.5194/ica-proc-4-31-2021.
31. Fazilova D.Sh., Magdiev X.H. Criação e atualização da base altimétrica dos mapas topográficos no sistema nacional de coordenadas espaciais: o exemplo do Vale de Fergana // InterKarto. InterGIS. Apoio à geoinformação do desenvolvimento sustentável dos territórios: Actas da Conf. Internacional M: Faculdade de Geografia, Universidade Estatal de Moscovo, 2021. T. 27. PARTE 2. P. 155-164. DOI: 10.35595/2414-9179-2021-2-27-155-164.
32. Fazilova D., Ehgamberdiev Sh, Kuzin S. Aplicação da modelação de séries temporais à realização do quadro de referência nacional// Geodesia e Geodinâmica, - 2018. -Vol. 10. - Edição 4. -P. 281-287. https://doi.org/10.1016/j.geog.2018.04.003.
33. Hofmann-Wellenhof B., Lichtenegger H., e Collins J. GPS. Theory and Practice. - NY: Springer-Verlag Wien, 1992. - 326 P.
34. Soudarin L, Cretaux J.F., Cazenave A. Movimentos verticais da crosta terrestre a partir do sistema de geodesia espacial DORIS. // Geophys Res Lett. -1999. - №26(9). -P.1207-1210.
35. Herring T.A., King R.W., Floyd M.A., McClusky S.C. Introduction to GAMIT/GLOBK, Release 10.7. - Cambridge: Departamento de Ciências da Terra, Atmosféricas e Planetárias Instituto de Tecnologia de Massachusetts, 2018. - 54 p.
36. Herring T. A., R. W. King, McClusky S.C. Global Kalman filter VLBI and GPS analysis programme, GLOBK Reference Manual, Release 10.5 - Cambridge: Department of Earth, Atmospheric, and Planetary Sciences Massachusetts Institute of Technology, 2010b. URL: http: //chandler.mit.edu/~simon/gtgk/GLOBK Ref. pdf
37. Altamimi Z., Rebischung P., Metivier L., Collilieux X. ITRF2014: Uma nova versão do Quadro de Referência Terrestre Internacional que modela os movimentos não lineares da estação // Journal Geophysical Research: Solid Earth. - 2016. - Vol.121. - №8. - P. 6109-6131. Doi:10.1002/2016JB013098.
38. Zubovich A.V., Wang X.Q., Scherba Y.G., Schelochkov G.G., Reilinger R., Reigber C., Mosienko O.I., Molnar P., Michajljow W., Makarov V.I., Li

J., Kuzikov S.I., Herring T.A., Hamburger M.W., Hager B.H., Dang Y., Bragin V.D., Beisenbaev R. Campo de velocidades GPS para o Tienshan e regiões circundantes // Tectónica. -2010. -Vol. 29. -TC6014. DOI: 10.1029/2010TC002772.
39. Kahle H.G., Cocard M., Peter Y. Campo de taxa de deformação derivado de GPS nas zonas de fronteira das Placas Euroasiática, Africana e Arábica // J. Geophys. Geophys. Res. Solid Earth. - 2000. -P. 23353-23370.
40. Allmendinger R. Reilinger R., Loveless J. Strain and rotation rate from GPS in Tibet, Anatolia, and the Altiplano // Tectonics. -2007. -V. 26. -V. 26. -Edição 3. - TC3013. DOI: 10.1029/2006TC002030.
41. Smith W. H. F., Wessel P. Gridding with continuous curvature splines intension // Geophysics. -1990. -55 (3). -P. 293-305. DOI: 10.1190/1.1442837.
42. Bogusz J., KI os A., Grzempowski P., Kontny B. Modelação do campo de velocidade numa grelha regular na área da Polónia com base nas velocidades das estações permanentes europeias // Pure Appl. Geophys. -2014. -171. -P. 809-833. https://doi.org/10.1007/s00024-013-0645-2.
43. Wessel P., Luis J. F., Uieda L., Scharroo R., Wobbe F., Smith W. H. F., Tian D. The Generic Mapping Tools version 6 // Geochemistry, Geophysics, Geosystems. -2019.-V.20.-P.5556-5564. https://doi.org/10.1029/2019GC008515.
44. Smith W. H. F., Wessel P. Gridding with continuous curvature splines intension // Geophysics. -1990. -55 (3). -P. 293-305. DOI: 10.1190/1.1442837.
45. Hackl M., Malservisi R., Wdowinski S. Padrões de taxa de deformação em redes GPS densas // Nat. Hazards Earth Syst. Sci. -2009. -Vol. 9. -P. 1177-1187. https://doi.org/10.5194/nhess-9-1177-2009.
46. Bian W., Wu J., Wu W. Deformação crustal recente baseada na interpolação da velocidade GNSS na China continental // Remote Sens. -2020. -V. 12. -P.3753. DOI: 10.3390/rs1222223753.
47. Makhmudov M.D., Fazilova D.Sh. Construção do campo de velocidade numa grelha regular na região de Tashkent com base na interpolação de dados de estações permanentes GNSS // InterCarto. InterGIS. Apoio da IG ao desenvolvimento sustentável dos territórios: Actas da conferência internacional. Moscovo: MSU, Faculdade de Geografia, 2023. V. 29. Parte 1. P. 535-545. DOI: 10.35595/2414-91792023-1-29-535-545 (em russo)
48. Sychugova L.V., Fazilova D.Sh. Análise das deformações da superfície terrestre no território da região de Tashkent utilizando métodos de satélite

// Relatórios da Academia de Ciências da República do Uzbequistão. - 2022. - № 3. - C.8285.
49. Fazilova D., Sichugova L. Análise da deformação com base em medições GNSS na região de Tashkent. // E3S Web of Conferences. - França, 2021. 227, 04002. - P. 1-8. DOI: 10.1051/e3sconf/202122704002.
50. England P., Molnar P. Surface uplift, uplift of rocks, and exhumation of rocks // Geology. - 1990. - Vol.18. - P. 1173-1177.
51. Hutchinson M.F., Gallant J.C. Digital elevation models and representation of terrain shape (Modelos digitais de elevação e representação da forma do terreno). In: J.P. Wilson & J.C. Gallant (eds) Terrain Analysis: Principles and Applications. - 2000. P. 29-50. Nova Iorque, NY: John Wiley & Sons, Inc.
52. Wilson J.P. Aplicações ambientais da modelação digital do terreno. NJ: Wiley - Blackwell, 2018. - 336 p.
53. Toz G., Erdogan M. DEM (Digital Elevation Model) production and accuracy modelling of DEMs from 1:35.000 scale aerial photographs // The International Archives of the Photogrammetry, Remote Sensing and Spatial Information Sciences. - Beijing, 2008. - Vol. XXXVII. - Parte B1. - P. 775-780.
54. Miliaresis G.C., Paraschou C.V.E.. Vertical accuracy of the SRTM DTED level 1 of Crete // International Journal of Applied Earth Observation and Geoinformation. - 2005. - Vol.7. - No.1. - P. 49-59.
55. Gabriel A., Goldstein R. Interferometria de órbita cruzada: teoria e resultados experimentais do SIR-B // International Journal of Remote Sensing. - 1988. - Vol.9. - No.5. - P. 857-872.
56. Wechsler S.P. Percepções dos utilizadores de modelos digitais de elevação sobre a incerteza dos DEM // Revista URISA. - 2003. - Vol.15. - No.2. - P. 61-69.
57. Chen C.F., Wang X., Yan C.Q., Guo B., Liu G.L.. Um método multiquádrico baseado no erro total para a modelação de superfícies de modelos digitais de elevação // GIScience & Remote Sensing. - 2016. - Vol.53. - №5. - P. 578-95.
58. Fan L., Smethurst J., Atkinson P., Powrie W. Propagação de erros de dados de origem verticais e horizontais num TIN com interpolação linear // International Journal of Geographical Information Science. - 2014. - Vol.28. - No.7. - P. 1378-400.
59. Zink M., Geudtner D. Calibração do sistema interferométrico X-SAR em SRTM // In: Proceedings of the CEOS SAR workshop. (Toulouse, 26-29 de outubro, França, 1999), -1999. -P.375-377.

60. Gonzalez-Moradas M., Viveen W. Evaluation of ASTER GDEM2, SRTMv3.0, ALOS AW3D30 and TanDEM-X DEMs for the Peruvian Andes against highly accurate GNSS ground control points and geomorphological-hydrological metrics // Remote Sensing of Environment. - 2020. - Vol.237. doi: 10.1016/j.rse.2019.111509.
61. Hawker L., Neal J., Bates P. Avaliação da precisão do Modelo Digital de Elevação TanDEM-X 90 para locais de planície de inundação selecionados // Sensoriamento Remoto do Meio Ambiente. - 2019. - Vol.232. doi: 10.1016/j.rse.2019.111319.
62. Liu K., Song C., Ke L., Jiang L., Pa, Y., Ma R. Desempenho dos DEM globais de acesso livre na região mais acidentada da Terra, a Alta Montanha da Ásia: uma avaliação a vários níveis // Geomorfologia. - 2019. - Vol.338. - P. 16-26. doi: 10.1016/j.geomorph.2019.04.012.
63. Baugh C. A., Bates P. D., Schumann G., Trigg M. A. Remoção de vegetação SRTM e precisão da modelação hidrodinâmica // Water Resources Research. - 2013. - Vol.49. - №9. - P. 5276-5289. doi: 10.1002/wrcr.20412.
64. Robinson N., Regetz J., Guralnick R.P. EarthEnv-DEM90: um modelo digital de elevação de 90 m quase global, sem vazios, suavizado em várias escalas, a partir de dados ASTER e SRTM fundidos // ISPRS Journal Photogrammetry Remote Sensing. - 2014. - Vol.87. - P. 57-67. doi: 10.1016/j.isprsjprs.2013.11.002.
65. O'Loughlin F.E., Paiva R.C., Durand M., Alsdorf D., Bates P.. A multi-sensor approach towards a global vegetation corrected SRTM DEM product // Remote Sensing of Environment. - 2016. - Vol.182. - P. 49-59. doi: 10.1016/j.rse.2016.04.018.
66. Yamazaki D., Ikeshima D., Tawatari R., Yamaguchi T., O'Loughlin F. Neal J., et al. A high-accuracy map of global terrain elevations // Geophysical Research
Cartas. - 2017. - Vol.44. - No.11. - P. 5844-5853. doi: 10.1002/2017GL072874.
67. Yue L., Shen H., Zhang L., Zheng X., Zhang F., Yuan Q. Geração de DEM sem descontinuidades de alta qualidade misturando observações SRTM-1, ASTER GDEM v2 e ICESat/GLAS // ISPRS Journal of Photogrammetry and Remote Sensing. - 2017. - Vol.123. - P. 20-34. doi: 10.1016/j.isprsjprs.2016.11.002.
68. Schumann G.J., Bates P.D., Neal J.C., Andreadis K.M. Fight floods on a global scale // Nature. - 2014. - Vol.507. - P. 169. doi: 10.1038/507169e.
69. Kenward T., Lettenmaier D.P., Wood E.F., Fielding E. Effects of Digital

Elevation Model Accuracy on Hydrologic Predictions // Remote Sensing of Environment. - 2000. - Vol.74. - №3. - P. 432-444. doi: 10.1016/S0034-4257(00)00136-X.
70. Sanders B. F. Avaliação de DEMs em linha para modelação de inundações // Advances in Water Resources. - 2007. - Vol.30. - №8. - P. 1831-1843. doi: 10.1016/j.advwatres.2007.02.005.
71. Mukherjee S., Joshi P. K., Mukherjee S., Ghosh A., Garg R. D., Mukhopadhyay A. Avaliação da precisão vertical do modelo digital de elevação (DEM) de código aberto // International Journal of Applied Earth Observation and Geoinformation. -2013 .-Vol .21. - P. 205-217. doi: 10.1016/j.jag.2012.09.004.
72. Elkhrachy I. Avaliação da precisão vertical dos modelos digitais de elevação SRTM e ASTER: um estudo de caso da cidade de Najran, Arábia Saudita // Ain Shams Engineering Journal. - 2018. - Vol.9. - No.4. - P. 1807-1817. doi: 10.1016/j.asej.2017.01.007
73. Khasanov Kh. Avaliação dos dados ASTER DEM e SRTM DEM para a determinação da área e do volume de um reservatório de água // IOP Conf. Série: Ciência e Engenharia de Materiais. - 2020. - Vol.883 doi:10.1088/1757- 899X/883/1/012063.
74. Zumberge J. F., Heflin M. B., Jefferson D. C. C., Watkins M. M., Webb F. H. Precise point positioning for the efficient and robust analysis of GPS data from large networks // Journal Geophysical Research. - 1997. - Vol.102. - №B3. - P. 5005-5017.
75. Bertiger W., Bar-Sever Y., Dorsey A., Haines B., Harvey N., Hemberger D., Heflin M., Lu W., Miller M., Moore A.W., Murphy D., Ries P., Romans L., Sibois A., Sibthorpe A., Szilagyi B., Vallisneri M., Willis P. GipsyX/RTGx, um novo conjunto de ferramentas para operações geodésicas espaciais e investigação // Advances in Space Research. - 2020. - Vol.66. - P. 469-489. Doi: 10.1016/j.asr.2020.04.015.
76. Wolf R. P., Ghilani D. C. Adjustment computations: statistics and least squares in surveying and GIS. - NY: Wiley, 1997. - 347 p.
77. Deniz I., Ozener H. Estimativa da acumulação de tensão da rede de densificação na região de Marmara Norte, Turquia // Natural Hazards and Earth System Science. - 2010. - Vol. 10. - №10. - P. 2135-2143. Doi: 10.5194/nhess-10- 2135-2010.
78. Barthelmes F., Kohler W. International Centre for Global Earth Models (ICGEM), in: Drewes H., Kuglitsch F., Adam J., et al. // The Geodesists Handbook, Journal of Geodesy. - 2016. - Vol.90. - №10. - P. 907-1205.

79. Peprah M.S., Ziggah Y.Y., Yakubu I. Avaliação do desempenho do Modelo Gravitacional da Terra 2008 (EGM2008) - um estudo de caso // South African Journal of Geomatics. -2017.- Vol. 6-№1 .- P. 47-72. https://doi.org/10.4314/sajg.v6i1.4.
80. Fazilova D., Magdiev H., Halimov B. Nivelamento por satélite de alta precisão e investigação do modelo geoide local no território da região de Kashkadarya // EPRA International Journal of Economic Growth and Environmental Issues. - 2020. - Vol.8. - No.4. - P. 31-35. Doi:10.36713/EPRA5788.
81. Fazilova D., Arabov O. Avaliação da exatidão vertical de modelos digitais de elevação (DEMs) de acesso livre: caso do Vale de Fergana no Uzbequistão. Earth Sciences Research Journal. -2023.-27(2),- P.85-91. https://doi.org/10.15446/esrj.v27n2.103801.
82. Balenovic I., Marjanovic H., Vuletic D., Paladinic E., Ostrogovic M., Indir K. Avaliação da qualidade do modelo digital de superfície de alta densidade em diferentes classes de ocupação do solo // Periodicum biologorum. - 2015. - Vol. 117. - № 4. - P. 459470.
83. Zhilin L., Qing Z., Gold C. Digital terrain modelling: principles and methodology. - Fl.: CRC Press, Boca Raton, 2005. - 318 p.
84. Wechsler S. P. Percepções de incerteza de modelos digitais de elevação por usuários de DEM // Revista URISA. - 2003. - Vol.15. - P. 57-64.
85. Tachikawa T., Kaku M., Iwasaki A., et al. ASTER Global Digital Elevation Model Version 2 - Summary of Validation Results // by the ASTER GDEM Validation Team. - 2011. - P.21.
86. Fazilova D., Magdiev K., Sichugova L. Avaliação da exatidão vertical de modelos digitais de elevação de acesso livre utilizando GPS. // International Journal of Geoinformatics. - Tailândia, 2021. - Vol. 17, № 1. - P. 19-26. https://journals.sfu.ca/ijg/index.php/journal/article/view/1701.
87. Hodgson R.A. Classification of structures on joint surface // American Journal of Science. - 1961. - Vol.259. - №7. - P. 493-502. DOI:10.2475/ajs.259.7.493.
88. Nickelsen R.P. New basement tectonics evaluated in Salt Lake City // Geotimes. - 1975. - Vol.20. - №10. - P. 16-17.
89. Hodgson R.A. Review of significant early studies in lineament tectonics // Proceeding of first international conference on the New Basement Tectonics, Salt Lake City, Utah: Utah Geology Associates Publication. - 1974. - №5. - P. 1-10.
90. Kutina J., Hildenbrand T.G. Ore deposits of the western United States in

relation to mass distribution in the crust and mantle // Geological Society of America Bulletin. - 1987. - Vol.99. - №1. - P. 30-41.

91. Mollard J.D. Fracture lineament research and applications on the western Canadian plains // Canadian Geotechnical Journal. - 1988. - Vol.25. - P. 749767.

92. Kocharyan G.G. Geomechanics of faults (Geomecânica de falhas). - M.: GEOS, 2016. - 424 c.

93. Korchuganova N.I., Korsakov A.K. Remote sensing methods of geological mapping. - M.: KDU, 2009. - 288 c.

94. Quem e como partiu a Terra, ou de onde surgiram as cadeias de montanhas e falhas planetárias / [Recurso eletrónico]. - Modo de acesso: httpshttps://habr.com/ru/post/565966/habr.com/ru/post/565966/ (data de referência: 22.02.2022).

95. Ali E.A., El Khidir S.O., Babikir A.A., Abdelrahman E.M. Landsat ETM+7 Digital Image Processing Techniques for Lithological and Structural Lineament Enhancement: Case Study Around Abidiya Area, Sudan // The Open Remote Sensing Journal. - 2012. - Vol.5. - P. 83-89.

96. Al-Nahmi F., Alamib O.B., Baiddera L., Khanbaric K., Rhinanea H., Hilalia A. Using remote sensing for lineament extraction in Al Maghrabah area - Hajjah, Yemen // The International Archives of the Photogrammetry, Remote Sensing and Spatial Information Sciences. - 2016. - Vol. XLII-2/W1. - P. 137-142. doi:10.5194/isprs-archives-XLII-2-W1-137-2016.

97. Bondur V.G., Zverev A.T. Natureza física dos lineamentos registados em imagens espaciais durante a monitorização de territórios propensos a sismos // Modern problems of Earth remote sensing from space. - 2006. - B.3. - VOL. 2. - P. P. 177-183.

98. Mallast U., Gloaguen R., Geyer S., Rodiger T., and Siebert C. Derivation of groundwater flow-paths based on semi-automatic extraction of lineaments from remote sensing data // Hydrology and Earth System Sciences. - 2011. - Vol. 15. - P. 2665-2678. DOI: 10.5194/hess-15-2665-2011.

99. Hermi S.O., Elsheikh R.F.A., Aziz M., Bouaziz S. Interpretação Estrutural de Lineamentos Utiliza Processamento de Imagens de Satélite: Um Estudo de Caso no Nordeste da Tunísia // Journal of Geographic Information System. - 2017. - Vol.9. - No.4. - P. 440-455. doi:10.4236/jgis.2017.94027.

100. Bondur V.G., Krapivin V.F., Savinykh V.P. Monitoring and forecasting of natural disasters (Monitorização e previsão de catástrofes naturais). - Moscovo: Nauch. Mir, 2009. - 692 c.

101. Chaabouni R., Bouaziz S., Peresson H., Wolfgang J. Análise do

lineamento de South Jene in Area (Sul da Tunísia) utilizando dados de deteção remota e sistema de informação geográfica // The Egyptian Journal of Remote Sensing and Space Sciences. - 2012. - Vol.15. - P. 197-206.
102. Kassou A., Essahlaoui A. e Aissa M. Extração de Lineamentos Estruturais a partir de Imagens de Satélite Landsat7 ETM+ do Distrito Mineiro de Tighza (Marrocos Central) // Research Journal of Earth Sciences. - 2012. - Vol.4. - No. 2. - P. 44-48.
103. Takorabt M., Toubal A.C., Haddoum H. et al. Determinação do papel dos lineamentos na hidrodinâmica subterrânea utilizando dados Landsat 7 ETM+, caso da Bacia de Chott El Gharbi (Argélia Ocidental) // Arabian Journal Geosciences. - 2018. - Vol.11. doi: 10.1007/s12517-018-3412-y.
104. Gubin V. H. Tecnologias de satélite em geodinâmica. - Minsk: Minsktipproekt, 2010. - 87 c.
105. Prabhakaran A., Jawahar Raj N. Mapeamento e análise de lineamentos tectónicos das colinas de Pachamalai, Tamil Nadu, Índia, utilizando tecnologia geoespacial // Geologia, Ecologia e Paisagens. - 2018. - Vol.2. - No. 2. - P. 81-103. doi: 10.1080/24749508.2018.1452481.
106. Hein B.E., Mikhailov A.E. Geotectónica geral // - M.: Nedra, 1985. - 326 c.
107. Marghany M., Hashim M. Mapeamento de lineamentos utilizando dados de satélite de deteção remota multiespectral // International Journal Physical Sciences. - 2010. - Vol.5. - No.10. - P. 1501-1507.
108. Maged M., Mansor S., Hashim M. Mapeamento geológico dos Emirados Árabes Unidos utilizando dados multiespectrais de deteção remota // American Journal of Engineering and Applied Sciences. - 2009. - № 2. - P.476-480.
109. Gaponova E.B., Zverev A.T., Tsidilina M.H. Identificação de anomalias de lineamentos a partir de imagens espaciais durante fortes terramotos na Califórnia com magnitudes 6,4 e 7,1 // Earth Exploration from Space. - 2019. - №6. - C. 36-47.
110. Mallast U., Gloaguen R., Geyer S., Reodiger T., Siebert C. Derivação de percursos de fluxo de águas subterrâneas com base na extração semi-automática de lineamentos a partir de dados de deteção remota // Hydrology and Earth System Sciences. - 2011. - Vol.15. - P. 2665-2678.
111. Bondur, V.G.; Zverev, A.T. Mechanisms of the lineament formation registered on the space images during the monitoring of the earthquake-prone territories (in Russian) // Earth exploration from space. - 2007. - Vol.1. - P. 47-56.

112. Kritsuk S.G., Latypov I.Sh. Análise de lineamentos de dados MODIS e possibilidades de interpretação dos seus resultados // Modern problems of Earth remote sensing from space. - 2019. - T.16. - №4. - C. 45-53. doi: 10.21046/2070-7401-2019-16-4-45-53.
113. Bondur V.G., Zverev A.T., Gaponova E.V., Zima A.L. Space research of precursor cyclicity in earthquake preparation manifested in the dynamics of lineament systems // Earth Exploration from Space. - 2012. - №1. - C. 3-20.
114. Zoran M. Earthquake Precursors Assessment in Vrancea Area, Romania by Satellite and Geophysical In-Situ Data // Proc. 'Fringe 2009 Workshop' (Frascati, Itália, 30 de novembro - 4 de dezembro de 2009). Workshop "Fringe 2009" (Frascati, Itália, 30 de novembro - 4 de dezembro de 2009). - Itália, 2010. - P. 677.
115. Nath B., Niu Z., Acharjee S., Qiao H. Monitorização do comportamento geodinâmico do terramoto utilizando dados de séries temporais Landsat 8-OLI: o caso de Gorkha e Imphal // Natural Hazards and Earth System Sciences Discussions. - 2017. - P. 1-26. doi: 10.5194/nhess-2017-10.
116. Zakharov V.N., Zverev A.V., Zverev A.T., Malinnikov V.A., Malinnikova O.N.. Aplicação da análise automatizada de lineamentos de imagens de satélite na investigação geodinâmica moderna: um estudo de caso // Russian Journal Earth Sciences. - 2017. - Vol.17. - P.1-14. doi: 10.2205/2017es000599.
117. Elmahdy S.I., Mohamed M.M. Mapeamento de teto-lineamentos e investigação da sua associação com sismos no Egito: uma abordagem híbrida utilizando dados de deteção remota // Geomática, Risco de Perigos Naturais. - 2015. - Vol.7. - P. 600-619. doi: 10.1080/19475705.2014.996612.
118. Bondur V.G., Zverev A.T., Gaponova E.V. Precursor da variabilidade dos sistemas de lineamentos detectados através de imagens de satélite durante sismos fortes // Izvestiya,
Física Atmosférica e Oceânica. - 2019. - Vol.55. - P. 1283-1291. doi: 10.1134/s0001433819090123
119. Kocharyan G.G. Geomechanics of faults (Geomecânica de falhas). - M.: GEOS, 2016. - 424 c.
120. Stepanov A.V. Fase de campo da aquisição de dados sísmicos: Manual de formação para cursos de formação avançada "Petrofísica e geofísica em geologia do petróleo". - Kazan: Universidade de Kazan, 2013. - 35 c.

121. Arseniev-Obraztsov S.S., Pozdnyakov A.P. Aplicação do método de interferometria de radar por satélite InSAR para resolver problemas de geologia de campo e desenvolvimento de campos de petróleo e gás // Geologia e desenvolvimento de campo. Indústria do gás. - 2020. - №3. - C. 38-44.
122. Tronin A. A. Métodos espaciais de investigação de sismos. Estado atual e perspectivas // Problemas modernos da deteção remota da Terra a partir do espaço. - 2004. - B.1. - V.1. - P. 33-38.
123. Roeloffs E., Quilty E. Mudanças no nível da água e na deformação antes e depois do terramoto de 4 de agosto de 1985 em Kettleman Hills, Califórnia // Geofísica Pura e Aplicada. - 1997. - Vol.149. - P. 21-60. doi:10.1007/BF00945160
124. Fraser-Smith A.C., Bernardi A., McGill P.R., Ladd M.E., Helliwell R.A. & Villard O.G. Low-frequency magnetic field measurements near the epicentre of the Ms 7.1 Loma Prieta earthquake // Geophysical Research Letters. - 1990. - Vol.17. - No.9. - P. 1465-1468. doi:10.1029/GL017i009p01465.
125. Sato H. Precursores da inclinação da terra antes do terramoto de Tonankai de 1944 // Alguns precursores antes dos grandes terramotos recentes ao longo da calha de Nankai. - 1977. - Vol.25. - P. 115-121.
126. Mogi K. Variação temporal da deformação crustal durante os dias que precedem um grande terramoto do tipo thrust. O terramoto Tonankai de 1944 de magnitude 8.1 // Geofísica Pura e Aplicada. - 1984. - Vol.122. - P. 765-780.
127. Tsunogai U. & Wakita H. Alterações químicas precursoras nas águas subterrâneas: terramoto de Kobe, Japão // Science. - 1995. - Vol.269. - No.5220. - P. 61-63. doi: 10.1126/science.269.5220.61
128. Wakita H. Earthquake chemistry II, collected papers. Laboratório de Química de Terramotos, Faculdade de Ciências, Universidade de Tóquio, Tóquio, -1996. - Vol.II.
129. De Swaaf, Kirt. Da rumort es standig im Untergrund, Entrevista com Pier Francesco Biagi // Der Standard. - 2011. - 22 Marz. (Inglês).
130. Bondur V.G. and Zverev A.T. A method of earthquake forecast based on the lineament analysis of satellite images // Doklady Earth Sciences. - 2005. - Vol.402. - №4. - P. 561-567.
131. Peresan A., Gorshkov A., Soloviev A., e Panza G. F. A contribuição do reconhecimento de padrões de dados sísmicos e morfoestruturais para a avaliação do risco sísmico // Bolletino di Geofisica Teorica ed Applicata. -

2015. - Vol.56. - №2. - P. 295-328. doi:10.4430/bgta0141
132. Arellano-Baeza A.A., Garcia R.V. e Trejo-Soto M. Utilização de imagens de satélite de alta resolução para o seguimento das alterações na estrutura dos lineamentos causadas pelos sismos de 2007. - 2007. http://arxiv.org/abs/0706.1827v2
133. Singh V.P. e Singh R.P. Changes in stress pattern around epicentral region of Bhuj earthquake of 26 January 2001 // Geophysica Research Letters. - 2005. - Vol.32. doi:10.1029/2005GL023912.
134. Shevyryov, S.L. Programa LEFA: análise estrutural automatizada da base espacial em ambiente Matlab // Uspekhi sovremennoi nauchnostroiznaniya. - 2018. - №10. - C. 138-143.
135. Sobre as medidas de implementação do projeto de investimento "Criação do Sistema Nacional de Informação Geográfica". Decreto Presidencial nº 2045 de 2013. [Recurso eletrónico]. - Modo de acesso: http://http://lex.uz/pages/getpage.aspx?lact_id=2242710.uz/pages/getpage.aspx?lact_id=2242710 (data de circulação: 24.09.21)
136. Zlatopolsky A.A. Programme LESSA (Lineament Extraction and Stripe Statistical Analysis) automated linear image features analysis-experimental results // Computers & Geoscience. - 1992. - Vol.18. - No.9. - P. 1121-1126.
137. Duda R.O., Hart P.E., Uso da Transformação de Hough para Detetar Linhas e Curvas no ENVI - Solução de Processamento e Análise de Imagens / [Recurso eletrônico]. - Modo de acesso: https://www.ittvis.com/ envi/ (data de acesso: 05.05.2021).
138. Geomatica 2013. OrthoEngine. Exercícios do curso. Versão 2013. Richmond Hills, Ontário, Canadá: PCI Geomatics Enterprises Inc., - 2013. - 169 p.
139. Recursos do ArcGIS. Introdução ao ArcGIS / [Recurso eletrónico]. - Modo de acesso:httpshttps://resources.arcgis.com/ru/help/gettiresources.arcgis.com/ru/help/getti ng-started/articles/026n00000014000000.htm (accessed 05.05.2021).
140. RockWorks/LogPlot. Ferramenta ideal para modelação / [Recurso eletrónico] - Modo de acesso : http:// mapinfo.ru/product/rockware (data de acesso: 05.05.2021). Fotos // Comm. ACM. - 1972. - Vol.15. - P. 11-15.
141. Guia do Utilizador ENVI. ENVI Versão 4.1. Research Systems, Inc. - setembro de 2004. - P. 1111.

142. Chunzhong N., Shitao Z., Chunxue L., Yongfeng Y., Yujian L. Análise do comprimento e da densidade dos lineamentos com base no algoritmo de rastreio de segmentos: um estudo de caso do campo de Gaosong na mina de estanho de Gejiu, China // Problemas matemáticos em engenharia. - 2016. - Vol.2016. - Artigo ID 5392453. - 7 páginas. https://doi.org/10.1155/2016/5392453
143. Lillesand T.M., Kiefer R.W., Chipman J.W.. Sensoriamento Remoto e Interpretação de Imagens. 5ª edição. NY: John Wiley & Sons Inc., 2004. - 666 p. Doi: 10.2307/634969
144. Sichugova L., Fazilova D. Interpretação estrutural de lineamentos utilizando o processamento de imagens de satélite: um estudo de caso nas proximidades do reservatório de Charvak // InterCarto. InterGIS. - Moscovo: Imprensa da Universidade de Moscovo, MSU, 2020. - V.26, Parte 2. - pp. 436-442. DOI: 10.35595/2414-9179-2020-2-26-436-442.
145. Centro Republicano de Vigilância Sesmoprognóstica do Ministério das Situações de Emergência da RUz // Catálogo consolidado. [Recurso eletrónico]. - Modo de acesso: URL: https: //rcsm.fvv.uz/ru/catalog_col
146. Shevyrev S. Neotectónica, deteção remota e corte de erosão de estruturas controladoras de minério do depósito de ouro-prata de Mnogovershinnoe (Khabarovsk Krai, Extremo Oriente russo) // Ore Geology Reviews. - 2019. - Vol.108. - P. 8-22. Doi: j.oregeorev.2018.11.016.
147. Shevyrev S. LEFA: Extração de Lineamentos e Análise de Fratura, 2018. http://lefa.geologov.net.
148. Canny J. Uma abordagem computacional à deteção de bordos // IEEE Transactions on Pattern Analysis and Machine Intelligence. - 1986. - Vol. PAMI-8. - №6. - P. 679-698. doi: 10.1109/TPAMI.1986.4767851.
149. Ulomov V.I. Dinâmica da crosta terrestre na Ásia Central e previsão de terramotos. - T.: FAN, 1974. - 124 p.
150. Sichugova L. e Fazilova D. Os lineamentos como um dos precursores de sismos: um estudo de caso do polígono geodinâmico de Tashkent no Uzbequistão. // Geodesia e Geodinâmica. - Elsevier: China, 2021, - V. 12, No. 6, - pp. 383388. DOI: 10.1016/j.geog.2021.08.002.
151. Mamadjanov Y., Aminov J.X., Hodzhiev A.K., Khalimov G.A. Magmatismo shoshonita-latita-monzonitóide do Paleozoico tardio
Zona Chatkal-Kuramin do Médio Tien Shan: geologia, petrogeoquímica e potencial de minério // Problemas actuais de geologia, geofísica e metalogenia: Actas da conferência científica e técnica (Tashkent, 11-12 de setembro de 2017). -Tashkent, 2017. - C. 46-49.

152. Bakiev M.H., Khamidov L.A., Ibragimov A.H. Concentração de tensões perto de inomogeneidades locais da crosta terrestre // // Sismo no interior. China. - 2001. - Vol. 15, № 4 - C. 376-384.
153. Khamidov L.A. Estudo dos campos de tensões da zona montanhosa de Chatkal do Tien Shan Ocidental // Geodinamika. -2010. -1(9). -P.57-66.
154. Sítio Web do Serviço Geológico dos Estados Unidos (USGS) Earth Explorer / [Recurso eletrónico]. - Modo de acesso: URL: https://earthexplorer.usgs.gov (data de referência: 23.08.2022).
155. Landsat 8-9 Operational Land Imager (OLI) e Thermal Infrared Sensor (TIRS) / [Recurso eletrónico] - Modo de acesso: URL: https://www.usgs.gov/faqs/what-are-band-designations-landsat-satellites (data
circulação: 23.08.2022).
156. Sichugova L, Fazilova D. Estudo da atividade sísmica da zona industrial de Almalyk-Angren com base na análise de lineamentos // International Journal of Engineering and Geosciences. -2024. Aceite.
157.

MIX
Papier aus verantwortungsvollen Quellen
Paper from responsible sources
FSC® C105338

Printed by Books on Demand GmbH, Norderstedt / Germany